粉垄农业

韦本辉　周灵芝　李艳英 等　著

科学出版社

北　京

内 容 简 介

本书基于韦本辉研究员所提出的“超深耕深松不乱土层”最新耕作理念和“粉垄理论”，介绍了由韦本辉等发明的立式钻头及三角板犁（撬犁）替代传统犁头和横轴旋耕，并由此引发的耕作模式与栽培方法变革的农耕新方法——粉垄技术，以及由钻头和板犁装备的粉垄农业机械以“粉垄农机＋粉垄耕作＋粉垄栽培”形式完整构建可替代现行农业的“粉垄农业”技术体系，在全国28个省份、50种作物上应用，使耕地增产10%～50%、盐碱地改造增产20%～100%；归纳总结了十几年来粉垄技术在全国不同气候、不同生态、不同土壤、不同作物上的试验研究及示范结果，并从粉垄技术提出的时代背景、理论基础、科学基础、技术体系、应用效果等方面进行详细阐述；对粉垄技术在保障国家粮食安全、建立和实施“六大工程”等方面的应用前景进行了展望。

本书内容翔实、图文并茂，易于加深读者对相关理论和技术的理解。本书主要面向作物栽培与耕作学、土壤学、农业机械学和其他相关研究方向的农业科技工作者、大专院校师生、农业技术推广人员和农业管理部门工作者等。

图书在版编目（CIP）数据

粉垄农业 / 韦本辉等著. —北京：科学出版社，2022.8

ISBN 978-7-03-071952-2

Ⅰ. ①粉…　Ⅱ. ①韦…　Ⅲ. ①土壤耕作－耕作方法－研究－中国
Ⅳ. ① S341

中国版本图书馆CIP数据核字（2022）第049608号

责任编辑：陈　新　尚　册 / 责任校对：郑金红
责任印制：肖　兴 / 封面设计：无极书装

科学出版社 出版
北京东黄城根北街16号
邮政编码：100717
http://www.sciencep.com

北京九天鸿程印刷有限责任公司 印刷
科学出版社发行　各地新华书店经销
*
2022年8月第　一　版　开本：720×1000　1/16
2022年8月第一次印刷　印张：14
字数：280 000

定价：218.00 元

（如有印装质量问题，我社负责调换）

第一著者简介

□ 韦本辉

广西壮族自治区农业科学院二级研究员，粉垄技术发明人。曾担任广西壮族自治区农业科学院院长助理、计划财务处处长、经济作物研究所所长兼党委书记等职务。长期从事作物育种与栽培、粉垄耕作和软科学研究，发明了可替代犁头耕具系列立式钻头及其粉垄农机装备，开启了“超深耕深松不乱土层并使土壤颗粒化、不覆碾压”的粉垄农耕先河，创建了“粉垄农机+粉垄耕作+粉垄栽培”的“粉垄农业”技术体系；负责引进的甘蔗新品种‘新台糖22号’的种植面积曾达到广西甘蔗种植面积的70%，截至目前已累计推广逾亿亩；发明了淮山药“定向结薯”系列轻便栽培法；选育淮山药、马铃薯等审定品种26个，育成亚热带地区木薯诱导开花杂交品种5个，利用红薯南北生态品种杂交育成弱感光型品种6个并创建“一年两（三）熟”种植模式。获得授权发明专利22项、实用新型专利15项，编制技术标准7件，发表科技论文197篇，编撰《中国粉垄活土增粮生态》《中国淮山药栽培》等10部学术著作。获得国家科学技术进步奖二等奖1项（排名第6），省部级科学技术奖一等奖、二等奖12项（其中10项排名第1）。获得国务院政府特殊津贴专家、全国优秀科技工作者、广西壮族自治区优秀专家、广西有突出贡献科技人员、第十届“发明创业奖·人物奖”、广西“最美科技工作者”等荣誉称号。

甘蔗粉垄
“145”
对照

《粉垄农业》著者名单

主要著者

韦本辉　周灵芝　李艳英

其他著者

周　佳　劳承英　申章佑　黄渝岚
甘秀芹　龙海盛　韦元波　万辅彬
韩锁义　黄金生　胡钧铭　李素丽
蒋代华　尹昌喜　徐宪立　张　宪
胡　泊　胡朝霞　米玛次仁
傅　兵　张　宇　黄功斗　杨树东
严华兵　叶文男　罗学夫　韦东胜

粉垄灌溉
粉垄不灌溉
2019年5月31日

序

土壤和耕作是农业的基础。在人类历史上，刀耕火种和人力、畜力、拖拉机翻耕整地的农耕演变与进化，为不同时代农业发展和保障人类生存与繁衍作出了不可磨灭的贡献。

我们高兴地看到，农耕进化迎来了重大变革，韦本辉等发明立式钻头及三角板犁（撬犁），研制相应的粉垄农机装备，替代传统犁头和横轴旋耕，并由此引发的耕作模式与栽培方法变革，开创了“超深耕深松不乱土层”的农耕新方法——粉垄技术；耕作由钻头、板犁替代犁头，钻头垂直入土，高速旋切土壤，土壤粉碎悬浮，首次在耕作上实现超深耕深松不乱土层、一次性完成整地任务，板犁则实行“不乱土层”的犁底层撬松的“底层耕”，这就是我国最新推出的农耕新方法——粉垄技术。

粉垄技术由韦本辉研究团队发明，是一项集基础研究、应用研究、开发研究于一体的耕作技术，以土壤（活化犁底层以下土壤资源）带动天然降水、空气、太阳光能等自然资源倍数或大幅利用，盘活国土立体空间资源，直接活化利用耕地、盐碱地及其空域的水、气、光、温等资源，增加粮食等各种优质食物来源，是解决人类生存问题与拓宽发展空间的金钥匙之一。

历经10多年研究与实践，粉垄技术已经由“粉垄农机＋粉垄耕作＋粉垄栽培”等构建了“粉垄农业”技术体系。韦本辉团队将这些研究成果整理成《粉垄农业》并由科学出版社出版。该书从理论和实践上阐明了粉垄技术的几个问题：第一，人类赖以生存的粮食“制造者”土壤、天然降水、空气、温度、太阳光能“五大自然资源”，在现有农耕农业利用的基础上，又获倍数程度增加的再利用，促进农业新一轮增产、提质、保水、减灾、降碳和可持续发展；第二，自然性增粮，经在广西、新疆、西藏等28个省份的50种作物上应用，不增加肥、水和农药及其他生产成本，耕地增产10%～50%、品质提升5%；第三，可物理性改造盐碱地，重度盐碱地改造可使作物增产20%～100%；第四，耕地增贮天然降水1倍左右，为人类再度利用雨水、雪水提供条件；第五，农业“化学品”得以减用，减用化肥农药10%以上，薄膜等“化学品”部分减用，仍使农业丰产；第六，已被污染的土壤可以部分“自净”，如重金属污染降低（大米镉含量降低），达到其他化学手段难以比拟的物理效果；第七，以自然之力消减自然灾害，洪涝、干旱及高温、低温等各种自然灾害减少20%以上，降碳10%左右，地面湿度提升10%以上，为人类在地球上生活提供良好的生态环境；第八，应用上无生态区域和作物品种的明显限制，从低纬度的海南到高纬度的新疆、黑龙江，从低海拔的广西北海到高海拔的西藏日喀则（4100m），在稻田和旱地甚至盐碱地等几乎所有农作物及部分中药材品种上，都可应用。

我对粉垄技术相对比较了解。多年来，我关注《中国科学报》(《科学时报》)所发表的粉垄技术成果报道，也听取粉垄技术发明人韦本辉的汇报，并请中国土壤学会邀请韦本辉在南京召开的学会年会做过专题报告。总体感觉粉垄农耕是创新性的重要农耕进化，采用“钻头”替代“犁头”，将传统“犁翻碎土”改为垂直深旋耕，一次性超深耕深松、土层不乱、土壤呈颗粒状、粉碎悬浮垄起而形成新的耕作层，是一种农耕革命，有利于作物根深叶茂，有利于农作物增产。

我们高兴地看到，2021年，西藏粉垄改造盐碱地种植青稞每亩增产60.19kg、增幅为38.67%，粉垄耕作砂壤土耕地种植青稞每亩增产74.78kg、增幅为25.43%，使青稞的增产率达到西藏自治区党委和政府确定的增产计划目标的2～3倍；同时粉垄种植青稞的秸秆也增产20%以上。湖南隆回县羊古坳镇稻田粉垄第八年水稻仍亩增150.05kg、增幅为23.9%，广西北流稻田利用两刀钻粉垄机水层快速耕作水稻亩增75.1kg、增幅为22.3%，河北盐山粉垄第四年节水灌溉小麦亩增71.19kg、增幅为18%。

粉垄技术作为科学界的一个新生事物，在应用上尚处于起步阶段，希望进一步加强粉垄农机装备、粉垄耕作机理和各类土壤耕地及盐碱地应用的研究，让粉垄农业技术体系更加完善，争取尽快在全国甚至世界全面推广应用。

在《粉垄农业》付梓之际，写了上述几段话，权且为序。

赵其国
赵其国
中国科学院院士
2022年2月

前 言

十多年来，广西壮族自治区农业科学院（以下简称广西农业科学院）韦本辉研究团队发明立式钻头及三角板犁（撬犁）等耕具，研制相应的现代粉垄农机装备，替代传统犁头和横轴旋耕，由此引发耕作模式与栽培方法的重大变革，开创了“超深耕深松不乱土层”的农耕新方法“粉垄技术”，并由“粉垄农机＋粉垄耕作＋粉垄栽培”形成“粉垄农业”技术体系；通过其在全国28个省份的50种作物上应用及相关研究，基本明确了粉垄耕作与栽培机理，并由此阐明了粉垄相关理论；“粉垄理论”催生了“粉垄农业”技术体系，经过不同生态区域和不同作物的应用与检验，已证明了其生产的科学性、可行性和经济性，可以替代现行农业生产模式。

粉垄技术又称粉耕技术、深旋耕技术、垂直深旋耕技术、深耕松技术、深旋松技术、深耕粉碎松土技术等，不仅由粉垄发明团队主导应用，而且给国内一些研究机构和开发企业使用。在耕作工具和耕作方式上，韦本辉发明立式钻头及三角板犁（撬犁），创造了粉垄全层耕、粉垄条状全层耕、粉垄间隔性全层耕、粉垄底层耕（遁耕）、粉垄间隔性底层耕等；在粉垄耕作模式上，开创了超深耕深松不乱土层、一次性完成整地任务的耕作先河；在粉垄耕作工具上，发明了螺旋型钻头、空心型两刀钻、空心型三刀钻、上钻下犁组配耕、上旋下犁组配耕和板犁等，板犁实行“不乱土层”的撬松犁底层土壤，钻头和板犁可相互交替使用，对培育高质量土壤起到积极作用。

粉垄技术的应用范围十分广泛，可直接活化利用耕地、盐碱地、荒漠化土地、退化草原及其空域的水、气、光、温等资源，可培育和形成“粉垄大格局农业”，增加各种优质食物来源，同时可间接活化利用河流湖泊、近海水域的渔业资源，增加鱼类优质蛋白质来源，造福于人类。

十多年来，粉垄技术采用“钻头”耕具替代了传统“犁头”的犁耕，在28个省份的水稻、玉米、小麦、马铃薯、甘蔗、棉花等50种作物上的应用，使现有耕地种植农作物增产10%～50%、盐碱地改造增产20%～100%，成为未来农业新一轮的增产、提质、生态、减灾等“四位一体”共性关键核心技术。

粉垄是人类第一次发明“钻头”耕具和板犁，替代沿用5500年的“犁头”

耕作，与传统耕作相比优势巨大：①超深耕深松，比传统耕作的耕作层倍数加深；②原位碎土，土层不乱；③土壤多为颗粒状，团粒结构表面光滑，易“淡盐”和减排有害物质；④土壤保持疏松悬浮状态，不易板结，透气贮水、可多年利用；⑤一次性耕作便完成整地任务，避免耕作机械轮子的重力碾压，保持耕地耕作层土壤的原定厚度与疏松度，利于作物的生长发育。

目前，已经建成可应用推广的“粉垄农机＋粉垄耕作＋粉垄栽培”的粉垄农业技术体系。①粉垄农机装备。已有多类型“钻头”粉垄耕作机（履带式和牵引式），现又发明了空心型钻头耕具，耕作阻力小，可装配于多类型机械包括“立钻＋板犁”组合型悬挂式粉垄耕作机械，制造成本降低30%～50%，耕作效率提升20%～30%，油耗下降30%～40%，可研发世界一流农机装备。②多种粉垄耕作模式。发明耕地“全层耕”（适合于小麦、玉米、水稻等）、“底层耕”（适合于宿根性作物）、“侧底层耕”（适合于宿根性作物）、“间隔性耕作”（适合于甘蔗、果树等），盐碱地全层耕“淡盐”耕作模式等。③多种耕作方法。发明了稻田、旱地粉垄分别深25cm、35cm，盐碱地轻度粉垄1次、中度粉垄2次、重度粉垄3～5次的耕作方法。④多种粉垄栽培法。发明了稻田粉垄“三保”（水、肥、土）节肥栽培法（稻田旱、水粉垄耕作移栽，直播等适减化肥栽培），旱地雨养（节水）栽培法，耕种和休耕交替间隔耕作与栽培法（宽窄行粉垄整地与宽行或窄行休耕，两年或多年交替轮换）。

粉垄技术近年来取得重要进展。2019年，广西科学技术厅（以下简称广西科技厅）项目的6个“粉垄雨养甘蔗”点亩增0.71～4.13t，增幅为19.94%～62.39%。西藏山南市粉垄青稞亩增63.6kg、增幅为20.03%，秸秆增加41%。河北盐山县粉垄小麦零灌溉增产27.67%。山东东营市农高区粉垄改造重度盐碱地小麦亩增225.76kg，增幅为154.22%。广西北流市稻田利用两刀钻粉垄机水层快速耕作水稻亩增75.1kg、增幅为22.3%。甘蔗粉垄“145”技术模式将引领广西甘蔗单产提升和蔗糖产业的可持续发展，广西隆安县实施甘蔗粉垄“145”模式项目569.94亩，经广西科技部门组织广西农业厅（现广西农业农村厅）等单位专家查定，最高亩产达9.61t，其中核心区面积100亩，粉垄原料蔗每亩产量为8.61t，对照原料蔗每亩产量为6.14t，粉垄比对照原料蔗每亩增产2.47t、增产率为40.23%。多年持续增产结果显示，中国科学院遗传与发育生物学研究所农业资源研究中心粉垄一次后第4年第7茬小麦仍亩增52.3kg、增幅为9.49%；新疆尉犁县粉垄改造重度盐碱地第4年棉花亩增185.45kg、增幅为81.7%；广西稻田粉垄一次后第7年第13茬水稻亩增16.5kg、增幅为3.2%。

在零施肥条件下，水稻、玉米、小麦、花生等有13%～17%的增产率，且能实现多季持续增产；每产出100kg粮食，可少用化肥0.35～4.29kg，减幅达10%～30%。

近期，粉垄研究又取得重要突破：粉垄耕具，由10年前发明的螺旋型钻头，进一步优化发明了立式两刀钻、立式三刀钻等空心型钻头，以及“立钻+板犁”组合型钻头耕具；粉垄耕作技术，由普通型的“粉垄全层平底松土技术”改进为底层均等分设“W暗沟”的“粉垄贮水型技术”；特殊型技术，则创造了间隔性粉垄耕作技术如“甘蔗粉垄‘145’模式窄宽行间套种技术”（一年粉垄种植、四年宿根、五年累增原料蔗5t，核心是粉垄4分地、原1亩肥水只用4分地肥水，在广西6个试验点表现优势，如甘蔗粉垄“145”模式套种的谷子，经80d的生长，每亩产干谷169.6kg，粉垄甘蔗株高、茎粗比对照分别增加19.1%、13.4%）；退化草原的间隔性植被保护性“粉垄底耕技术”。

“粉垄理论”催生了“粉垄农业”技术体系，使不可能变成了可能，作出了多方面的历史性科学贡献：①实现加深撬松深层土壤——颠覆传统，钻头立旋横切碎土、超深耕深松、不乱土层、一次性完成整地任务；②实现“六增用”自然资源——人类尚未完全利用的自然资源，如犁底层土壤、盐碱地、天然降水、太阳光能、空气、土壤微生物等得以大幅增加利用；③实现“五减轻”的人与自然和谐共生——在一定程度上减轻洪涝、干旱、高温、低温及气候变暖等自然灾害；④获得丰厚自然恩赐——1亩地提升到1.2～1.5亩的产出量，低产田变成中产田、中产田变成高产田、高产田更高产，盐碱地变成良田；⑤退化草原生态修复——利用不伤植被的粉垄间隔性底耕（间隔遁耕）贮水生态丰草技术，1亩退化草原提升到1.5～2.0亩的产出量，既生态又增加肉奶食物来源。

粉垄技术得到中国农业科学院、中国科学院及相关省份农业科学院、相关企业专家研究团队的支持和协同研究。感谢任天志、逄焕成、张正斌、彭新华等在粉垄技术研究中富有成效的辛勤付出。

粉垄技术已得到袁隆平、李振声、刘旭、赵其国、山仑、戴景瑞、谢华安、张福锁、张新友、蒋亦元、张洪程、荣廷昭、郑皆连、邹学校、赵振东、李佩成等院士的肯定和支持，赵其国院士还专门为本书作序。在此，我们对各位院士表示衷心的感谢！

本书共8章，还有附录，基本概括了10多年来粉垄技术的研究和应用成果，重点介绍了粉垄技术的理论基础、科学基础、技术体系和应用效果。本书图文并茂，便于读者理解。

值此书出版之际，我们感谢所有关心、支持粉垄技术研究的领导、专家和社会各界人士。限于著者水平，书中不当之处在所难免，敬请读者批评和指正。

著　者

2022年1月

中度盐碱地
粉垄
拖拉机旋耕
对照

目　录

第一章　粉垄技术的背景与理论

第一节　农业增长面临“天花板效应”

一、中国人口增长与粮食需求的现状

食为政首，谷为民命。2021年12月8日，习近平总书记在中央经济工作会议上，用他的目光，望向全场的党政领导干部，他们这一代人，或多或少都有吃不饱、饿肚子的经历，更能掂量出14亿多人口的大国走到今天，粮食安全之于国家安全举足轻重。习总书记谆谆告诫：“越是有粮食吃，越要想到没粮食的时候。我反复地讲，中国人的饭碗任何时候都要牢牢端在自己手中。决不能在吃饭这一基本生存问题上让别人卡住我们的脖子。”

对于一个国家的人民，真正的安全是粮食安全。国土丢了，有粮吃也能活；国土还在粮食没了，会饿死。全世界各国都非常重视基本生活物资的自我供给率，而基本生活物资中最重要的就是粮食。

我国粮食生产整体上不容乐观。

尽管我国粮食连年增产，但形势依然严峻。一方面，粮食单产逼近“天花板”、18亿亩（1亩≈667m^2，后同）耕地红线难以守住、气候异常加剧农业风险、国际环境导致自给自足的压力陡增；另一方面，对于农药化肥的惯性依赖不仅造成不同程度的食品污染、危害人体健康和中华民族的长远发展，而且导致土壤板结、地力透支，农业可持续发展面临巨大挑战。

业内专家研究分析的结果警醒我国必须高度重视粮食生产和粮食生产与安全的可持续性。

曾任农业部（现农业农村部）农村经济研究中心主任、中国农业大学原校长的柯炳生教授指出，粮食消费分为直接消费和间接消费：直接消费，就是口粮消费；间接消费，是指吃的肉禽蛋奶鱼等动物源食品中所包含的粮食，即生产这些产品所消耗的饲料粮。按照一定的饲料转化率标准，可以根据这些产品的数量，计算出饲料粮数量。柯炳生教授在2018年中国农业展望大会上提出，未来的一段时间内，我国人均粮食消费量还将不断增长。首先，城镇人口人均的直接

消费量已经10多年保持稳定，而动物源食品间接消费量继续增长；同时，农村人口人均的直接消费量呈继续下降趋势，但趋势减缓，动物源食品间接消费量增长趋势较强；更重要的是，人口结构持续发生重要变化，每年新增城镇人口超过2000万，而农村人口持续减少，由于城镇人口的人均粮食消费总水平显著高于农村人口，因此，即便人口总量不变，城镇人口比重的增加就意味着粮食需求的增加；最后一点也非常重要，就是农民工的粮食消费水平比统计部门调查的城镇和农村家庭人均粮食消费水平都显著高。中国农业大学典型调查的结果显示，农民工人均粮食消费水平比农村居民高出50%左右，比城镇居民高出30%左右。其间的道理不难理解：农民工比农村居民收入更高，而比城镇居民劳动强度更大。在这4个因素的综合作用下，我国人均粮食消费水平肯定还会继续有所增加，估算每年增加0.5%以上。

与此同时，我国人口总量每年继续增加，每年增加0.5%～0.6%。把人均增长和人口总量增长两项因素综合起来，可以推断，我国粮食消费总量每年增长的幅度应在1%以上。所以未来一个时期中，我国粮食需求增长的压力仍然是持续增加的。藏粮于库，只能管眼前；藏粮于地，藏粮于技，才是长远之计。这需要久久为功，坚持不懈地努力和加大投入，保证基本主粮的自给自足。

假如中国粮食完全依赖进口，那么中国14亿人口首先就会面临粮食危机问题。一旦粮食命脉被外部掌控，中国内部就会出现粮食短缺问题，轻者会引发饥饿与健康问题，中者会引发社会动荡，重者可以导致国家覆灭。

外国政要告诫世人粮食安全的无比重要性。掌握了一个国家的粮食就等于掌握了一个国家的命运。美国前国务卿基辛格曾告诫世人：谁控制了粮食，就控制了人类。所以，美欧一些重要国家都高度重视粮食问题，中国也同样如此。

从现在起，我们必须以科技创新寻求新的粮食增产途径。

粮食问题是国家安全问题，如果粮食全部依赖进口，那就等于把国家安全交了出去，不仅国家经济命脉将被外部掌控，国家的生死存亡问题也就摆在了眼前，所以中国的粮食是不可能完全依赖进口的。

粉垄农业与现行农业相比，具有农机装备优势、耕作优势、栽培优势、生态优势和增产提质优势。它以活化各种土地资源，增用水、土、气、温、光等自然资源，构成新的农业增产、提质、生态、减灾“四位一体”共性关键核心技术，在促进新一轮的农业自然增产、保障粮食安全中将发挥积极作用。

二、中国农业发展现状

“农为邦本，食为政首”，古来贯之。

党的十八大以来，以习近平同志为核心的党中央高度重视粮食安全保障和生态文明建设，提出了“让中国人的饭碗装满优质中国粮”“掌握粮食安全主动权，进而才能掌控经济社会发展这个大局”“粮食生产的出路在科技”“生态文明建设是关系中华民族永续发展的根本大计”等。由此可见，农业生产和粮食安全、生态文明建设，关系“健康饭碗”，关系国家长治久安和中华民族永续发展，时刻小觑不得。

但目前，由于中国人口多，人均耕地资源、可利用水资源少，近几十年为保障粮食和肉类等农产品的有效供给，发挥作物良种和畜禽鱼的增产潜力，农业生产上不得不投入大量化肥、农药、农膜，造成这几十年来国民食用的食品及饮用水或多或少地含有“化学品”，人们的身体健康受到影响。

针对中国的耕地，祖先留给我们的是无污染、健康的土地。而几十年来良田被大量化肥、农药等“围攻”，每亩投入少则1～2t，多达3～4t，中国的良田在“呻吟”，土壤中蚯蚓等有益昆虫在减少，农田中青蛙在减少，田沟小溪中鱼虾在减少，土壤板结，生产能力衰退，甚至水资源包括地下水也被严重污染，昔日小溪、江河鱼虾成群结队游弋的场景已不复存在，子孙“后路”被切断的风险在加剧。这必须要引起国人的高度警醒，应采取措施、亡羊补牢。

农业领域必须突破单要素思维，从资源利用、运作效率、系统弹性和可持续性的整体维度进行思考。我国农业生态效率不高、竞争力不强、生态不可持续的问题主要是在土地资源的利用方式上。因此，农业领域的科技突破需要从土地资源的治理、修复、提升入手。

粉垄农业技术着眼于耕地犁底层及其以下土壤资源的活化利用，着眼于耕地土壤的理化性状改善与提升，着眼于盐碱地的物理性改造，着眼于耕地（盐碱地）地面立体空间资源的有效利用。因此，粉垄农业技术对于土地资源的治理、修复、提升不失为一项重要的农耕技术措施。

三、中国农业耕作历史

农耕乃衣食之源、人类文明之根。

农耕文化是世界上最早的文化之一，也是对人类影响最大的文化之一。《论语》有云：“工欲善其事，必先利其器”，工具在劳动生产中的作用不言而喻，中国农业耕作技术的进步在很大程度上就是建立在耕作工具的发展之上。由此可见，农耕的首要是耕作工具；粉垄研究团队发明了“钻头”，特色是立式深旋耕不乱土层、土壤被高速旋切呈颗粒状，可以“四两拨千斤”之力撬动地面表层土壤，比现行农耕工具和农耕方式的耕作深度加深1倍或1倍以上，有望拓宽人类生存与发展空间。

（一）中国古代农业的耕作方式

我国古代农业的耕作方式以生产工具的发展为标志，将其划分为刀耕火种、石器锄耕（耜耕）和铁犁牛耕三个阶段。中国古代长期处于农耕文明发展阶段，这里“农业”与“耕作”的含义并称，即耕作行为就是农业行为，表明了耕作之重要，也体现出农业生产与耕作技术的密切关系。

1. 刀耕火种

最原始的农业耕作是“刀耕火种”，是在初春时期先将山间树木砍倒，然后在春雨来临前的一天晚上，放火烧光，用作肥料，第二天趁土热下种，以后不做任何田间管理就等收获了。

人们在进行刀耕火种的时候，首先所要面临的就是土地的选择。刀耕火种一般不施肥，也不中耕，所以种植两三年之后就要另觅新地重新砍烧种植，农史学家将这种耕作形式称为“游耕”。这一时期使用的工具主要有石刀、石斧之类。

2. 石器锄耕（耜耕）

从耕作方式、农具使用来分析我国古代农业生产发展水平，可将其划分为耕前期、耜耕期和犁耕期3个发展阶段。

“刀耕火种”属于耕前期。随着大量骨耜和石耜的使用，人们已经脱离了刀耕火种的耕作方法，进入了“耜耕”农业阶段。

耒耜的运用则提高了耕作效率，结束了原始社会刀耕火种、烧荒迁徙的历史。

3. 铁犁牛耕

“刀耕火种”和“耜耕”时期原始农业生产方法十分简单。这样的农业生产只有种和收两个环节，只向自然索取而不予补偿，土壤营养的平衡完全依赖自然植被的自我恢复。这是只取不给的掠夺式的生产。

由于那时人口较少，人们对自然的需求不高，而且生产力低下，因此原始农业的生产还没有超过自然的负荷能力和恢复能力，并且人对自然生态系统的破坏很小。

但随着人口数量和人类对自然要求的增加，以及农业生产工具的改进，中国进入到传统农业阶段，即“铁犁牛耕”时期。

商周时期出现了青铜农具，那时其在农业上还很少使用。但由于人们懂得了施肥技术，依靠肥沃的土地可以连续耕作，对于贫瘠的土地也可以在休耕一两年后轮耕。随着春秋时期人们开始使用铁农具，战国时期普遍使用铁农具，农业生产力水平也有了质的飞跃。牛耕在春秋战国时期的出现和初步的推广，加上灌溉和施肥技术的新进展，大大提高了中国古代农业生产水平，从此，铁犁牛耕成为中国农业的重要耕作方式。

铁犁牛耕时代，新的耕作工具较少出现，但传统耕具却始终处于改良进化之中，有些耕具在今天的农村仍然使用。显然，农耕耕具和农耕方式看似简单，但蕴含巨大的科学作用，人类生存一刻也离不开农耕耕具。

（二）中国现代农业耕作方式

人多地少是我国基本国情，加之城市化发展快速，耕地面积不断锐减，养活我国14亿人口是当今政府和农业科技工作者的头等大事。

党的十九大报告明确指出，确保国家粮食安全，把中国人的饭碗牢牢端在自己手中。在现有的耕地面积，不增加化肥、农药投入量的情况下，如何实现增产提质是亟待解决的重大问题。

千百年来，农业都与耕种联系在一起，通常是先“耕”后“种”，“耕”决定“种”。

近百年来，由拖拉机提供动力的农田、农地的耕作技术，一直沿用“犁”与“耙”的模式，后发展为“旋耕”（或称“悬耕”），但其整地效果局限为“浅耕”，因此，农业“耕”的技术问题没有太多的实质性进展。

长期以来，轻简化的小型旋耕农机具导致耕作层土壤质量明显下降。第一是耕地土壤普遍存在耕作层变浅；第二是犁底层增厚；第三是秸秆还田难、有机质补偿不足；第四是土壤结构紧实，尤其是增施化肥导致土壤酸化。

上述这些问题导致耕地土壤水、肥、气、热供给不协调，限制作物根系生长，阻碍作物产量的提高；也导致农药、化肥的利用率低，生态环境污染加剧。因此，耕作措施是影响土壤质量的主要因素之一，合理的耕作方式能够协调耕作层土壤的水、肥、气、热等因素，为作物生长发育提供一个良好的生长环境，而不合理的耕作方式会加剧土壤退化。显然，农业耕作方式和农业生态的改善，要在现有基础上面有所突破，关键是农耕的再度进化（图1-1）。

图1-1　不同耕作方式下花生种植效果

1. 现行主要耕作技术

现行农业生产方式为了追求单位面积产量的不断增加，同时为了更加直观的产量表现，几乎是在推行一种“杂交良种＋水利灌溉＋化肥农药”的技术模式，对土壤的利用与栽培关联的技术往往被忽视，形成了一种不可持续发展的态势。

土壤耕作是调控土壤水、肥、气、热资源的重要措施，通过改进耕作措施实现对土壤理化性状的改善，提高土壤水分利用效率，也是节水农业研究的一个重要方向。目前研究表明，翻耕或深耕、深松均有利于提高土壤含水量、增加根冠比和提高产量。

粉垄耕作是近期科技创新的一个新生事物，是超深耕深松不乱土层，有效活化利用土壤尤其是犁底层以下土壤资源，有望改变上述农业生产方式的不可持续发展，提供新的耕作途径。

（1）翻耕

翻耕是指通过犁头耕作，把土地的土壤犁翻，翻耕的土壤呈“V”状，表面看起来很深，但通过耙纵向碎土即打散、疏松等把土地变得平整松散，是农民耕种最初步的一个过程，是中国南北方惯用了几千年的耕种方法，也是南北方唯一统一的耕种方法。

翻耕对农业生产的重要作用在于：它可以将一定深度的紧实土层变为疏松细碎的耕作层，从而增加土壤孔隙度，以利于接纳和贮存雨水，促进土壤中潜在养分转化为有效养分，促使作物根系伸展。但是，翻耕依旧存在犁底层浅薄的问题，翻耕的土壤在犁的作用下呈“V”状，从表观看达到了30～40cm甚至50～60cm的深度，但经过耙平耙碎，最终形成的耕作层松土深度一般为15～20cm，深的也难超过25cm。

（2）深耕

深耕是一种间隔性缓解耕作层土壤紧实的耕作技术。

该技术使翻耕的耕作深度达到30cm以上，主要作用是增加部分土壤耕作层厚度，打破犁底层，改善耕作层土壤物理性状，促进农作物生长发育，提高水肥利用效率，增加作物产量。

但是，深耕技术存在严重不足，把肥力低的心土层翻上来，而肥力较高的表土层翻下去，造成土壤生态环境失衡，增产效果往往不明显，甚至减产。

（3）深松

深松是随着保护性耕作而发展起来的一种代替传统翻耕的土壤耕作方式，是目前打破犁底层、构建相对合理耕作层结构所采取的主要耕作方法。

深松采用间隔性耕作碎土，可松碎土壤，能打破部分犁底层，降低表层土壤容重，增加土壤含水量，提高水分入渗深度，利于防风蚀和水蚀，受到国内外广泛重视。

深松整地、间隔性耕作、最深30cm对打破犁底层虽有一定效果，但对土壤疏松程度的改善有限，不能有效解决土壤耕作层变浅、犁底层变厚变硬的问题，同时表层土壤破碎程度并不十分理想，尚需后续旋耕或者耙耱等二次作业。

例如，在旱区，夏闲期采用深松与免耕、轮耕相结合较之连年旋耕可提高农田的土壤蓄水效率和降水生产效率，具有较好的增产效果。

2. 粉垄技术与国家相关耕作政策相呼应

2013年《全国高标准农田建设总体规划》指出，农田有效土层厚度要达到50cm以上，耕作层厚度要达到20cm以上。李克强总理在《2014年政府工作报告》中提出，要发挥深松整地对增产的促进作用，并在当年启动1亿亩试点。

粉垄耕作技术比上述翻耕、深耕、深松明显占优势。首先，粉垄耕作利用钻头垂直深旋耕，板犁可深入犁底层平面性犁松土壤；其次，“钻耕”和“板耕”均达到超深耕深松不乱土层，“钻耕”的土壤呈颗粒状；最后，一次性完成传统犁、耙、打所需要的三个工序，所耕作的松土不再被拖拉机重力轮子碾压，保持土壤的疏松度。板犁入土30～40cm，将现有的犁底层平面性犁松活化，达到超深耕深松不乱土层，尤其是在宿根类作物旱地播种至苗期，通过底层耕和底层施肥，构建良好的“土壤水库”、土壤氧气库，使土壤保持疏松，作物最终获得理想产量。

10多年的农业生产实践证明，粉垄耕作技术耕作层较传统耕作加深1～2倍，该技术具有增产、提质、生态、保水等功效。该技术是建设高标准农田和粮食增产的一项关键技术，可挖掘我国耕地生产潜力，可以满足国家要从战略上切实提高耕地质量、增强农业综合生产能力、保障国家粮食安全的重大需求。

粉垄“钻耕”耕作与深翻和深松相比还具有其他明显优势，如加深土壤耕作层，全耕作层土壤粉碎均匀，保持上下土层不乱，即不会把养分含量低的心土层带到土壤表层，容重比提高10%～50%，土壤质量提高，耕种成本降低。

四、农业资源利用现状

人类正在超额“支出”地球生态资源。

世界自然基金会发布的《全球生态足迹网络》报告显示，截至2019年7月29日，人类已用光当年全年的水、土壤和清洁空气等自然资源定量，地球从此进入生态赤字状态。

7月29日也即成为“地球生态超载日”。《全球生态足迹网络》负责人称，人类目前使用大自然的速度是地球生态系统再生速度的1.75倍。按照目前的消耗速度，1.75颗地球所生产的自然资源才能满足人类的需求。从事生态环境科学研究实践10余年的全球环境研究所彭奎博士告诉《中国科学报》，生态赤字的代价表现为生物多样性丧失、土壤侵蚀、气候变化等。他还特别提到，地球生态超载并不意味着半年内把自然资源用完了，其意义在于目前人类消耗地球自然资源的方式和强度，人类把后人该享用的资源提前使用了，这是一个“提前消费”的概念。彭奎还表示，每年的自然资源定量是相对的，随着人类技术的进步，通过各种方法会获得新的资源；不过，地球资源存储积累是漫长的过程，但人类消耗的速度不断变化，且趋势是越来越快。

目前，中国人均耕地不足0.087hm^2，是世界人均水平的1/3。而土壤资源的退化则使资源、环境、粮食、人口危机更加尖锐。在我国土地退化中，土壤沙化、土壤侵蚀、肥力减退、盐渍化、污染等各类退化发生都十分严重。

我国人口占全球总人口的18%，淡水资源仅占世界总量的6%，而农业是我国的用水大户。据统计，我国每年农业用水量占全国总用水量的73%，占世界农业总用水量的17%，近10多年来，全国每年受旱面积都在2000万～3000万hm^2，每年约66.7亿hm^{2}耕地面积得不到灌溉，因缺水而少产粮食700亿～800亿kg，我国约有占全国耕地面积50%的旱地不得不完全靠天吃饭，产量低而不稳；沿海地区海水倒灌现象严重，造成耕地大面积废弃，大量未经处理的废污水被农田灌溉直接或间接引用，造成土壤水和地下水的污染。因此专家普遍认为，水危机已成为制约我国经济社会持续发展的“瓶颈”，将严重制约我国人口的生存和经济的持续发展。农业是我国的用水大户，可节约的潜力也最大。

由此可见，耕作方法的变革与优化，如粉垄耕作实现构建超级耕作层和超级“土壤水库”，尽可能接纳和增贮天然降水，对使我国由贫水国家转变为用水与供水相对平衡的国家将大有裨益。

第二节　生态文明呼唤农业生产方式改善

生态文明是人类文明发展的一个新的阶段，即工业文明之后的文明形态；生态文明是人类遵循人、自然、社会和谐发展这一客观规律而取得的物质与精神文明成果的总和。

生态文明是以人与自然、人与人、人与社会和谐共生、良性循环、全面发展、持续繁荣为基本宗旨的社会形态。

良好的生态环境是最公平的公共产品，是最普惠的民生福祉。随着经济社会发展，广大群众喝上干净水、呼吸新鲜空气、吃上放心食品的愿望越来越迫切，环境利益诉求越来越多。

一、建设生态文明是新时代的呼唤和必然要求

党的十九大报告指出，中国特色社会主义进入新时代，我国社会主要矛盾已经转化为人民日益增长的美好生活需要和不平衡不充分的发展之间的矛盾。

改革开放以来，我国的生产力有了极大发展，人们的生活从温饱到小康，再到全面小康。但不容忽视的是，我们在以往的发展过程中过度地注重量的指标，以破坏生态资源为代价。结果，虽然生产力提高了、物质丰富了，但忽视了满足人民日益增长的美好生活需要，没有满足人民群众对美好生活的向往，发展的不平衡不充分问题越来越突出，颠倒了发展的目的和手段的关系。

人民群众日益增长的美好生活需求之一正是对于建设美丽中国、美丽家园的美好愿望。随着物质生活和精神生活水平的不断提高，人民对美好生活的需求日益增长，不仅对物质文化生活提出了更高要求，而且对生态环境方面的要求也日益增高。人们开始从“重生活”向“重生态”转变，从“求温饱”向“盼环保”发展。人们对健康水平、环境质量的关注度越来越高，希望天更蓝、山更绿、水更清、环境更优美。

环境问题也已成为改善民生、衡量小康社会乃至现代化的重要指标，生态问题已经成为新时代人民宜居环境中不可或缺的关键一环。

粉垄耕作和粉垄农业将为生态文明呼唤农业生产方式改善提供可能。

二、防治土壤污染需要改变当前的农业生产方式

民以食为天，食以土为本。

老祖宗告诉我们土壤是农业的基础，是最基本的农业生产资料。在过去、今天和未来，主要的农业生产依然离不开土壤，没有充足和肥沃的土壤资源作为支撑，人类很难养活自己。土壤是一种有限的资源，一旦损毁或退化，在我们有生之年都将无法恢复，我们的食物有95%直接或间接地产自土壤。

然而，一种无形的威胁使土壤及其一切功能都面临风险——土壤污染，如农业生产上过量施用化肥和喷洒农药。土壤污染会引发连锁反应。它改变土壤的生物多样性，减少土壤中的有机质含量，削弱土壤的过滤能力，它还会污染土壤中储存的水分及地下水，导致土壤养分失衡。土壤污染不仅破坏环境，还会影响农作物的产量和品质，从而造成严重的经济问题和社会问题。防治土壤污染应成为全世界优先解决的问题。

我们应该承认并重视土壤的生产能力，以及它们对粮食安全和维持重要生态功能的贡献。现在，1/3的土壤由于侵蚀、有机碳损失、盐碱化、板结、酸化和

化学污染而处于中度或严重退化状态。形成1cm厚的表层土壤需要约1000年的时间，这意味着在我们的有生之年，无法创造更多的土壤。我们今天看到的土壤就是我们所能拥有的全部。然而，土壤正面临着来自土壤污染的更大压力。目前土壤退化的速度已威胁到子孙后代满足其最基本需求的能力。

目前，在农业生产中，不良的农作方式导致土壤污染。不可持续的农作方式使土壤有机质含量减少，降低土壤分解有机污染物的能力，同时增加了污染物释放到环境中的风险。在很多国家，集约化作物生产耗尽了土壤肥力，危及未来这些地区维持粮食生产的能力。因此，寻求一种可持续的农业生产方式已成为逆转土壤退化趋势、确保当前和未来全球粮食安全的必要举措。

粉垄在此背景下问世。应该说，粉垄遵循自然规律，统筹“以人为本”和“以自然为本”相兼容的“人依自然生”的新理念，摒弃现行农业靠化肥、农药方能增产的“唯化学品”的生产方式，被誉为是继人力、畜力、拖拉机犁翻碎土模式之后的“第四套”耕作模式，形成了有别于传统耕作的耕作工具、耕作方式、耕作效果和耕作范围的耕作技术体系；更可喜的是，可活化利用人类尚未完全利用的各种土地资源和多种空间资源，提升单位面积上的自然性生产能力，可开阔人们视野，打破现有对农业自然资源的认识、研究和生产的固有思维，可摆脱农业依靠化肥、农药方能增产的环境污染型的生产模式，由此形成新的技术“拐点”而走上一条全新的“依地靠天”的绿色发展之路。

第三节　粉垄技术概念与研究背景

韦本辉发明立式钻头及三角板犁（撬犁）等耕具，替代传统犁头和横轴旋耕，由此引发耕作模式与栽培方法的重大变革，开创了“超深耕深松不乱土层”的农耕方法的历史先河；经过10多年的不断研究与实践，在世界上创造了可替代现行农业生产模式的、由“粉垄农机＋粉垄耕作＋粉垄栽培”所形成的粉垄农业技术体系。

一、农耕新方法“粉垄技术”的基本概念

（一）简要定义

粉垄技术是通过利用螺旋型钻头、立式两刀钻及板犁等粉垄耕作工具，实行“超深耕深松不乱土层、一次性完成整地任务”，且广泛应用于盐碱地、荒漠化土地的生态重建等，促进农业增产、提质、生态、减灾等“四位一体”实现的

技术；粉垄钻头与板犁可组合耕作使用，也可隔年或隔季互为交替应用；板犁用于宿根类作物，旱地播种至苗期的底层耕和底层施肥等具有特殊意义，可构建良好的“土壤水库”、土壤氧气库，保持土壤疏松，促使作物获得理想产量；钻头、板犁等粉垄耕作工具可互为交换使用，粉垄“钻头”耕作一次可一年后或几年后采用“板犁”底层耕，也可“板犁”底层耕一年后或几年后再粉垄“钻头”耕作。它是一种重大耕作变革，活化土壤资源，带动天然降水、太阳光能等“天地资源”的高效利用，促进人与自然和谐共生；它的技术体系包括粉垄农机装备、粉垄耕作方式、粉垄栽培方法等。

（二）具体含义

通过钻头、板犁等粉垄耕具的变革，在“超深耕深松（比传统耕作层加深1～2倍）不乱土层、一次性完成整地任务”的总体概念的基础上，以全层耕、条状局部全层耕、底层耕（遁耕）、间隔性底层耕（遁耕）及“旋松一体”等耕作形式为载体，形成“超级耕作层”和“超级土壤水库”“超级土壤营养均衡供给库”，基础肥力增加20%～30%，突显“以根为本”，倍数增用土壤氧气和微生物、天然降水及20%～30%增用太阳光能等而具“增产、提质、生态、减灾”等作用；同时，由于能“淡盐”“底层耕（遁耕）”等，而可广泛应用于盐碱地、退化草原等改造利用，以及耕作制度上的优化与变革和各种资源的活化利用，总体形成一个人与自然和谐共处的绿色可持续发展的理论和技术系统——粉垄理论与粉垄技术体系。

二、粉垄技术的研究背景

（一）现行农业的弊端

祖先发明的传统耕作以锄头、犁头等为主要工具，以犁翻碎土为标志的农耕整地模式历经几千年，至今养育着我们人类，在没有化学品的化肥、农药和更多水利灌溉条件的那个年代，靠的是松土、天然降水等自然力，辅之以农家肥，以获得粮食来源。

在目前推行的“杂交良种＋水利灌溉＋化肥农药”等技术模式的背景下，传统的犁头式翻耕的耕作深度比较有限，现行的主要机械耕作方式是拖拉机一犁一耙或两犁三耙，或是旋耕耕作，深度多在12～18cm（图1-2～图1-5），可利用的土层难以超过20cm，造成我国农田耕作层平均只有16.5cm，耕作层浅薄、犁底层加厚，活化利用的土层厚度逐渐减少，土壤自身的潜力得不到充分释放，成为粮食增产的掣肘。

图1-2　河南兰考玉米地耕作层不足15cm

图1-3　广西贵港水稻田耕作层不足15cm

图1-4　新疆和田麦田耕作层约17cm

图1-5　黑龙江玉米地耕作层不足20cm

近几十年来，农作物杂交良种选育成功，极大地提高了作物的产量。随着人口的增加，为了不断提高单产，部分农民的绿色生态生产观念淡薄，大量施用化肥、农药，虽然为促进农业发展和粮食增加做出了贡献，但带来的问题也不少，目前已引起了政府和社会的高度忧虑，土壤、水体、空气被污染，严重影响了产品的质量安全和人类的身体健康；目前的农业行为减少了蚯蚓、减少了土壤生物、减少了农田和小溪的鱼类，生态系统的生物多样性遭受严重破坏。

（二）粉垄技术的发明过程

阿基米德说过：如果给我一根足够长的杠杆，我能撬动地球。如今韦本辉发明的粉垄机械“钻头”和“板犁”，也有类似的效果。它利用粉垄机械“钻头”或“板犁”加倍撬动并粉碎、疏松土壤耕作层，促进作物增产、提质，造福人类。

土壤是农业之母，出生于农家的韦本辉深谙于心。在几十年的工作实践中韦本辉发现，现行农业生产方式导致土壤浅薄和酸化板结，已严重制约作物产量和品质的增长与提升。从事农业生产的人都知道，疏松深厚的土壤有利于农作物的生长，可是怎样才能让土壤卸下当前的“负重”呢？为了解决这一问题，韦本辉义无反顾地啃起了“深耕深松”这块硬骨头。

功夫不负有心人。借助儿时看到木匠艺人用皮筋来回拉动“钻头”钻木打孔和机械铣刀旋转而前行，以及“圆凳四腿”的原理，2008年以来，韦本辉发明了包括螺旋型钻头的粉垄机械（图1-6、图1-7）及旱地、水田作物粉垄栽培方法，以及空心两刀钻、三刀钻等粉垄核心耕具，配套形成全新的农业生产技术体系——粉垄技术。

图1-6　“耕、播、压”一体粉垄机

图1-7　粉垄螺旋型钻头

粉垄技术可不乱土层地将土壤耕作层再加深1倍，自然性地大幅提高陆地天然降水贮水量和土地农产品产出量，增加人类食物来源和提升生态环境质量，拓宽了人类生存与发展的新空间；它不需要增施化肥和增加灌溉用水量，即可种地、养地、润地，滋养地球；同时不受区域、时间、作物等限制，持续增产、提质，可在全世界推广和永续利用；可让地球在现有基础上释放出更多的工业现代化发展、人类数量增长的承载潜力；使人类依附自然"和平共处"而生存与发展，实现人类利用自然又关爱呵护自然与焕发自然本能，给予人类更多的优质食物、生态、空气。

历经10多年研究，现已经创建了基于粉垄耕具、栽培技术标准和相关理论的粉垄技术体系——粉垄农业，可助力我国农业绿色发展。

三、粉垄技术的特点与属性

粉垄是自然"恩赐"与人类关爱自然的"互利"型技术，也是"以自然资源为王"的技术——它的本质是在现行农耕和农业资源利用的基础上，对土壤、天然降水、空气、温度、太阳光能"五大自然资源"的倍数增加利用。

1）具自然性增产10%～50%、提质5%、保水1倍和生态改善等"四位一体"效果，减施20%～30%化肥仍能增产或平产。

2）可全覆盖地对现有耕地、盐碱地、退化草原、荒漠化土地生态重建、宜耕果树行间、宜耕林木行间、海绵城市草坪和土地整治工程等进行高效与生态耕作，有望催生具有多元性的大格局农业——现代粉垄农业。

3）可活化各种土地资源，挖掘土壤养分、土壤氧气、土壤微生物和天然降水、太阳光能等自然资源的深度利用。

4）可驱动江河水体资源良性利用等。

四、粉垄技术解决现实耕作中存在的问题

（一）一般耕地

1）粉垄打破人们对传统耕作技术的固有思维，将传统的卧式犁改变为立式钻头或板犁，耕作深度可以达到30～50cm，从根本上解决传统耕作耕作层浅薄的问题。

2）立式钻头正反转前行，转速在600r/min左右，高速旋转的钻头不仅可以将土壤横向切割成细小块状，还可与土壤摩擦使得钻头的温度较高，经过粉垄的土壤犹如被瞬间煅烧过一样，不容易黏结，解决了土壤板结的问题。

3）经过粉垄的土壤耕作层加深，土壤孔隙增大，有更多的水分、空气得以进入土壤中，水、肥、气、热更加协调，有利于提高水分、肥料等利用率，可起到减施化肥的作用。

4）粉垄后耕作层深厚疏松，降水时雨水可以快速地下渗并聚集到深层土壤，减少地表径流，从而减少水土流失；在干旱时深层的土壤水分可以为作物提供水分，防止作物受旱，有效保持作物的高产稳产。

（二）盐碱地

1）将原来浅薄的耕作层加深到40cm左右，由于盐分主要聚集在土壤表层0～20cm，通过粉垄机螺旋型钻头作业，将土壤40cm内的土层进行混合，从而稀释了耕作层的土壤盐分浓度。

2）经过粉垄的土壤耕作层疏松深厚，当有降水（雪）时，根据“盐随水走”的原理，上层的土壤盐分可以随水流下渗到40cm的深层，从而降低上层土壤的盐分浓度。

3）粉垄土壤被横线切割，土壤中原有的毛细管被切断，由于粉垄后土壤又不易黏结，土壤中难以再形成新的毛细管，随水下渗到底层的盐分无法通过毛细管再“返盐”到上层。

（三）底层耕

基于“超深耕深松不乱土层”和“深层施肥”的粉垄耕作科学理念，广西粉垄科技发展有限公司利用发明的“板犁”耕具和“倒T”犁柄，研制生产了“保护性侧底层耕深施肥一体机”农机装备。经初步研究，韦本辉认为其使用方法可以是多方面的。

1）宿根甘蔗使用

宿根甘蔗采取保护性侧底层耕深施肥一体机的作业技术，在粉垄宿根或其他耕作宿根的甘蔗收获后进行，可使宿根期内每亩每年原料蔗产量增加1t或1t以上。这是继粉垄“145”模式之后，又一保证宿根甘蔗亩产增加1t的关键性技术。

在甘蔗采收后、宿根甘蔗出苗前，将平茬高度不一的蔗头同时粉碎切平并把蔗叶清理或打捆收走。用160～200马力（1马力＝0.735kW，后同）的拖拉机悬挂一体机装上肥料，“倒T”犁柄内空约1m，将“板犁”耕具在宿根蔗垄的两侧入土35～40cm，边平犁松土边将肥料顺着导管连接的犁柄后端深施入土，达到宿根蔗垄畦整体土壤撬松、肥料深施入土以提高利用率的目的。

肥料深施控管是用160～200马力的拖拉机悬挂一体机，在宿根蔗行头从甘蔗行两侧边缓慢入土，入土深度为35～40cm时，打开施肥装置进行肥料深施；在完成该宿根蔗行的作业时，入土作业部件缓慢出土的同时关闭施肥装置。

2）普通耕地使用

在“超深耕深松不乱土层”和“深层施肥”的粉垄耕作科学理念下，可进行其他耕地耕作作业和作物播种后至苗期的应用。

稻田“超深耕深松不乱土层”粉垄一次耕作，打破犁底层，深度为28～32cm。

对于玉米、小麦、花生、大豆等旱地作物，按一定规格条厢种植，在播种后至拔节前，在机械轮子不碾压幼苗和严重跑墒的前提下，进行耕作与肥料深施作业，深度为28～35cm。

3）果园、中药材使用

对于果园的幼龄果树，在机械轮子不碾压幼苗和严重跑墒的前提下，进行耕作与肥料深施作业，深度为35～45cm。

对于果园空带，在空带内不影响果树根系的条件下，进行耕作与肥料深施作业，深度为35～45cm。

对于中药材，在播种后至苗期，在机械轮子不碾压幼苗和严重跑墒的前提下，进行耕作与肥料深施作业，深度为35～45cm。

4）退化草原使用

采取保护性侧底层耕深施肥一体机，在保证草原90%以上植被不被伤害的条件下，进行间隔性耕作与肥料深施作业，深度为35～40cm。

第四节 “钻耕”“板犁”粉垄农机耕作

随着地球人口数量的增多，加上自然环境的恶化，土壤退化严重，地力“见顶”现象逐渐显露。

幸运的是，中国自主发明的“钻耕”“板犁”粉垄技术应运而生，无疑成为有效解决上述问题的“金钥匙”。5500年前美索不达米亚和埃及的农民就开始尝试使用沿袭至今的“犁头”，其犁翻“纵”向（耙）碎土的“犁耕”模式耕作层浅，不足以再获取更多的土壤资源来养活日益膨胀的人口；与“犁耕”截然不同的“钻耕”——由螺旋型钻头装配的粉垄耕作机，钻头垂直入土深旋耕，在人类历史上首次实现了“超深耕深松不乱土层、一次性完成整地任务”的耕作模式。最初在木薯、甘蔗上应用作条带型耕作，因土壤细碎悬浮呈垄状而被命名为“粉垄”；现从钻头耕作工具的作业特征上被定义为“钻耕”；延伸到耕作与栽培上，称之为“粉垄技术”，已被广泛认可和接纳。

10多年来已明确粉垄技术增量利用土、水、气、光等自然资源，具有增产、提质、生态、减灾等“四位一体”的特点，在全国28个省份的水稻、玉米等50种作（植）物上应用，在不增加肥、水等成本投入的前提下，普通耕地增产幅度为10%～50%，盐碱地增产率达30%～150%，还增贮天然降水1倍以上。目前，韦本辉继2009年发明了粉垄耕具——螺旋型钻头，新近又发明了耕作排土量增大、阻力减小的立式两刀钻、立式三刀钻等立刀钻头系列粉垄耕具及“板犁”耕具，它们根据不同土壤类型的耕作需求，作为关键核心技术装备于大、中、小型现代粉垄农机，可以为“粉垄农业”加快在全国乃至世界的推广应用提供关键技术支撑。

一、“钻头”耕具研发的起源与粉垄农机装备的研制

（一）“钻头”耕具的发明及履带自走式、牵引式粉垄深松耕作机的研发

螺旋型钻头是韦本辉受木工钻孔原理启发于2009年发明的，委托广西宾阳县农机企业加工，依双“钻”一组配对前行同向、内旋横向切割粉碎土壤的耕作形式，装配于拖拉机，利用其动力牵引和驱动耕作，在该县邹圩镇马脚塘村黄功斗农户农田的试验取得了成功，在同一块旱地上模拟刀耕火种、人力整地、畜力整地、拖拉机整地、粉垄机整地等5种耕作模式，在零施肥条件下，种植的玉米、花生产量表现：上述5种耕作模式，后一种耕作模式均比前一种耕作模式有8%以上的增产率，其中粉垄机整地处理比拖拉机整地分别增产13%（玉米）、17%（花生）。

2010年6月，韦本辉、甘秀芹授权广西五丰机械公司研制生产粉垄农机装备，经过多次更迭改进提升，履带自走式粉垄机、拖拉机牵引式粉垄机得以相继问世（产品均已通过法定机构鉴定）并拥有了知识产权，在全国各地示范推广并取得了良好效果；而且，拖拉机牵引式粉垄机产品成本低、效率高，每台造价35万元，每小时耕作（实土耕深35cm）10～15亩，亩耗油量20～35元（与传统一犁一耙相当），比前4代产品（平均成本65万元）下降46.2%、耕作效率提高1倍以上、亩耗油量减少60%以上。

（二）“立式刀钻”耕具的发明及悬挂式粉垄深松耕作机的研发

近年来，韦本辉基于“圆凳四腿”原理，又发明了立式两刀钻、立式三刀钻、立式四刀钻等空心型粉垄耕具，它们的最大特点是耕作排土量增大、阻力减少，能够大幅度提高粉垄耕作效率，可作关键核心技术装配于大、中、小型现代粉垄农机。

基于这一性能特点，为推行韦本辉提出的广西甘蔗粉垄“145”模式，即一年粉垄种植、四年宿根（比现行宿根年限增加1年）、五年累增原料蔗5t（核心是1亩只用4分地（1分地＝0.1亩≈66.7m^2，后同），每年仍增产1t、增收500元），韦本辉和广西粉垄科技发展有限公司成功地研制出“悬挂式粉垄深松耕作机”，

在广西南宁、崇左等多地蔗区的测试中取得良好效果。

两刀钻悬挂式粉垄深松耕作机在西藏山南、日喀则和甘肃兰州、河南邓州等地应用，深受用户欢迎。

（三）"板犁"耕具的发明及悬挂式粉垄"板犁"深松耕作机的研发

犁头是人类在5500年前发明的，至今仍是斜弯曲状态，犁尖入土，靠斜面的犁体将土壤翻耕，最大特点是深犁容易将犁底层的生土上翻，影响土壤养分的合理分布，影响作物生长。

板犁是犁头耕具的一种重要变异，它与犁头最大的区别是呈飞机翼状的三角形，三角板的入土方向设有若干个锥形小犁；在三角形板犁的中间，有片状连接犁柄，使板犁和犁柄组合成"T形板犁"；为便于入土和底耕时让土壤呈部分疏松状态，"T形板犁"与垂直的角度呈5°左右。

板犁配置拖拉机或其他整机的动力视不同耕作需求而定，如宿根甘蔗配置160～180马力，耕幅2.6m的稻田配置180马力。

二、"钻头"耕具粉垄农机的耕作效果

以"钻头"耕具装备的履带自走式粉垄机耕作，与传统拖拉机"铧犁""卧式旋耕"耕作相比，耕作效率、耕作成本相差不大，但耕作深度相差1～2倍，且深耕深松不乱土层（表1-1）。

表1-1　粉垄"钻耕"与传统拖拉机"铧犁""卧式旋耕"耕作方式及效率、油耗的比较

机械参数	粉垄机耕作	拖拉机耕作
耕作机具	螺旋型钻头	铧犁、卧式旋耕耙
碎土方式	垂直深旋、横向切割碎土	犁翻纵（耙）向碎土
耕作深度及土层状态	30～50cm，耕作层土壤不乱	15～25cm，耕作层土壤打乱
作业次数	一次完成	2～3次（一犁一耙或一犁两耙）
耕作效率/（亩/h）	10～15	10～12
耕作成本（油耗）/（元/亩）	25～35	30～50

第五节　粉垄理论与潜能

粉垄技术成为继人力、畜力、拖拉机耕作之后的"第四套"农耕技术体系（Wei，2017a）。其形成"以根为本"的基本耕作特点，并因"超深耕深松不乱土

层”而形成“超级耕作层”和“超级地下水库”；其基本理论与效果是遵循自然规律活化利用土壤、天然降水及太阳光能等“天地资源”，利用螺旋型钻头垂直入土30～50cm高速旋切土壤，一次性完成整地任务，其过程经过瞬间高温和多次激烈撞击、机械摩擦，达到松土数量倍增，扩建土壤养分库、水库、氧气库、微生物库等新“四库”；提出粉垄“4453效应”、粉垄“3+1”产业体系、“粉垄物理肥力”、“41635”潜能、“145”模式等系列新理论。

形成的粉垄理论归结到一点，就是通过粉垄耕作有效利用“五大自然资源”，挖掘新的自然力，也可以说核心是自然力理论。

一、“天地资源”理论

自然法则是人与自然和谐共生的基本准则。人类的生存与发展必须顺天顺地顺自然。

我们在粉垄研究过程中发现，通过粉垄超深耕深松不乱土层可以倍数增用土壤、水分、空气、太阳光能及土壤微生物等自然资源，因此，阐明和提出“天地资源”理论。

“天地资源”理论的核心是活化土壤带动空气、天然降水、太阳光能等“天地资源”的高效利用。这一理论在农耕上贯穿于从刀耕火种到人力、畜力、机械耕作，不断加深耕作层，促进作物产量不断提升，其科学本质就是不断增加利用“天地资源”的过程（Wei，2017b）。

传统耕作（拖拉机一犁一耙或者一犁两耙）虽深犁深翻，但经耙碎与轮子重力反复碾压，耕作层松土最终也不过20cm左右，拖拉机旋耕更浅，多为12～15cm。粉垄彻底改变了这一格局，达到了“超深耕深松不乱土层”，实现了耕作上的重大突破，是“天地资源”理论的深化与应用（图1-8）。

图1-8 “天地资源”理论

二、粉垄“4453”增产提质效应理论

粉垄耕作使农作物增产是不争的事实，但是将其机理用数据量化是表达它的科学价值和应用优势的重要阐释。“4453”增产提质效应理论：4，即“四增”——增加耕作层松土量、土壤养分利用量，增大“土壤水库”“土壤氧气库”。4，即“四减”——减少水土流失、碳排放量，减低耕作层土壤含盐量、重金属含量。5，即“五抗”——增强作物抗干旱、高温、低温、病害、倒伏等的能力。3，即“三提高”——第一提高，促进作物光合效率提高10%以上、产量提高10%～30%、品质提高5%以上；第二提高，人力、畜力、拖拉机耕作依次具有增产8%的规律，粉垄耕作还具有拖拉机耕作加上再翻倍深松耕作层的叠加效应，增产可达20%甚至更高；第三提高，如果全国推广10亿亩，可增贮天然降水400亿m^3，盘活土壤原生养分后可减少化肥施用量70亿kg，新增粮食可多养活3亿多人，产生的总体效应还可以助力提升国民身体健康水平和社会稳定、国家安全（韦本辉，2014a）。

三、粉垄绿色生态农业“3＋1”产业体系

探讨提出粉垄活化耕地、盐碱地、草原和江河等资源，驱动构建粉垄绿色生态农业“3＋1”产业体系，在中国甚至全球将可以促进实现可利用农业资源总量、优质食物来源总量、可利用水资源总量“三个增加”，实现对生态环境恶化、气候变暖等“两个应对”，实现人类与自然更加和谐共生（Wei，2017c），如图1-9所示。

四、自然力的“粉垄物理肥力”理论

根据一些专家的意见和我们的研究实践，提出了粉垄核心理论、核心作用力的概念——“粉垄物理肥力”，它是相对于化学肥料对作物增产的肥力，从粉垄活化各种自然资源促进作物增产、提质和带动化学肥料利用率提高的自然力，我们称之为“粉垄物理肥力”。

事实上，在人类发展历史中，在农耕和农业生产上都在利用与应用“物理肥力”，这种“物理肥力”利用数量的多少，体现在耕作工具和耕作模式上，体现在人类对土壤耕作的深浅程度上。

一般规律是，在一定范围内土壤耕作越深、对天然降水的利用越多、作物生长越好、作物对太阳光能的利用率越高，表明这种自然力的“物理肥力”利用越多。

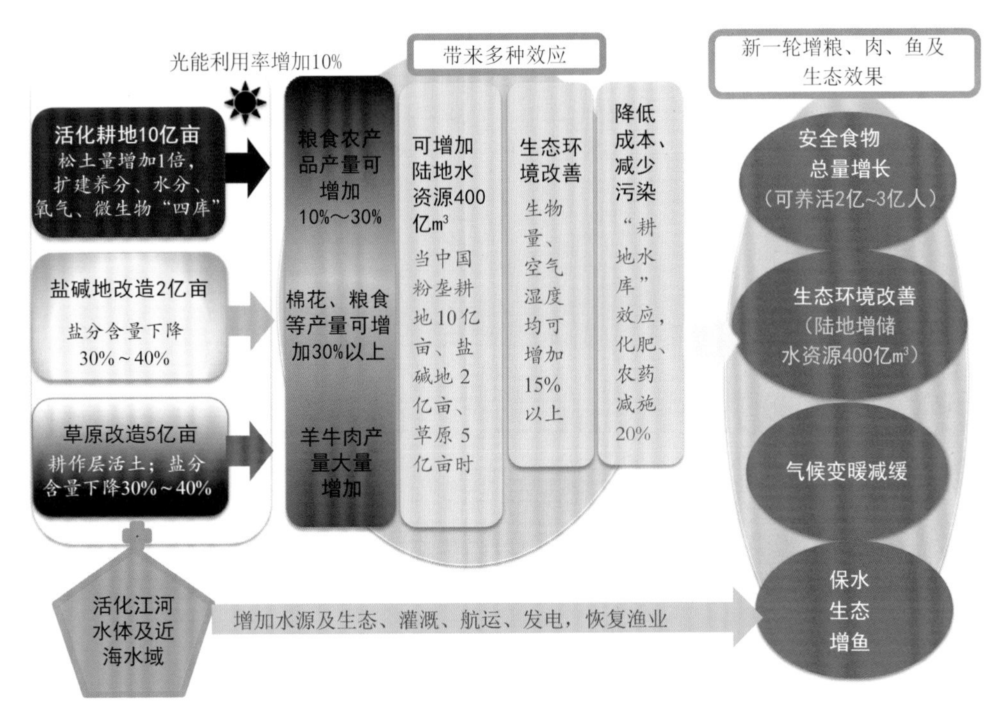

图1-9　粉垄绿色生态农业“3＋1”产业体系及其增粮保水生态示意图

显然，粉垄耕作比传统耕作耕作层加深了1～3倍，土壤细碎，地面雨水入渗土壤的下渗率提高30%～50%，有利于满足“土壤水库”需求，作物根系增长、增多20%～30%，植株对太阳光能的利用率提高10%以上，这种依靠粉垄条件下的自然力，一方面直接促进作物生长发育，另一方面由于土壤疏松在氧气充足、微生物活跃、土壤生物（蚯蚓等）等作用下带动化学肥料的利用率提高，这种自然力概括为“粉垄物理肥力”，粉垄耕作可在一定程度上使农业生产回归自然，减少化学肥料施用的数量，亦能使作物保持较好的增产水平或产量水平；也由于粉垄后作物强根壮体，对病虫害有一定的抵御能力，还可适当减少病虫防控的农药施用量。

粉垄使农业可利用资源大幅度增加，从“够吃就好”和净化土壤有害物质、恢复生态环境、有利于促进国民健康出发，可科学规划和决策，建立一条化肥农药“双减”、提升农产品质量的农业绿色发展之路。

五、“粉垄农业”挖掘“41635”潜能理论

为从根本上增加中国农业资源、优化技术体系，净化、修复人们赖以生存的土壤、水体环境，进一步拓宽和稳固我们的生存与发展空间，减少灾害、灾难，

营造资源丰富、地肥苗壮、水清鱼多、牛羊多而肥壮、空气新鲜的宜人生境，建议国家审时度势，利用中国10年自主研发的原创性成果——农耕新方法“5.0粉垄技术”及其现代粉垄农机“利器”，实施“百年利好”的“粉垄农业”工程。

“粉垄农业”工程即深垦活化和利用国土耕地犁底层及其以下土壤资源，拓展盐碱地、边际土地、退化草原、江河水体等资源及其立体空间内的各种可利用的资源，统筹发展10亿亩耕地、2亿亩盐碱地、5亿亩退化草原等“资源友好利用型农业”，挖掘其新一轮倍数活化增用土、水、气、温、光等“天地资源”的巨大潜力，发展“五体系”“大格局”“雨养环保”等生态型农业，提高土地生产力，陆地土壤增贮天然降水1000亿m^3，3亿亩耕地减采地下水600亿m^3，挖掘的物理肥力可减少施用化肥、农药20%以上，增产、提质、节水、节肥、生态、减灾等综合效益提高30%以上（每年新增效益不下万亿元），以满足国家粮食、生态、水资源和国民健康等安全需求，使国家治理农业进入科学化、现代化，保障国家高质量和中华民族强盛永续发展。

六、甘蔗粉垄“145”模式

粉垄研究在不断进步。目前由“粉垄平底”耕作改为“W暗沟”贮水型粉垄耕作，包括粉垄耕作耕具、耕作布局安排都已成为粉垄技术的“升级版”。目前提出甘蔗粉垄“145”模式，即一年粉垄种植、四年宿根（比现行宿根年限增加1年）、五年累增原料蔗5t；其核心是1亩只用4分地，每年仍增产1t、增收500元。

由甘蔗现行1.2m行距全田性种植改为宽、窄行的“窄垄”局部种植，即在宽行相间的“窄垄”，粉垄深松50～60cm、宽90cm，双行种植甘蔗，其总面积共约占1亩蔗地的“4分地”空间；宽行1.2～1.6m的总面积约占空间的“6分地”，为休闲或间套种区域，实行免耕或轻耕。5年后，在上一轮宽行1.2～1.6m即“6分地”非粉垄空间区域再行“145”模式，如此循环，不仅保持每亩每年增蔗1t，而且使蔗地“种、休”交替，地力得以恢复甚至提升，可为广西蔗糖产业的可持续发展提供土地资源保障与技术支撑，确保广西蔗糖业的经济支柱产业地位及2000多万蔗农的长远生计。

粉垄“145”模式实质是间隔性耕作，粉垄“W暗沟”和条带间隔性耕作这两种的“耕、种”调整与布局，是耕作方式、耕作制度和作物种植方式与制度的重大改革尝试；其创新的科学理论是，土地耕种与休耕轮换、传统全域种植所使用的肥水集中到种植带上（缩小面积）、作物通风透光保证其群体与个体的最佳生长状态，实现耕地立体空间资源的更科学布局和有序利用（韦本辉，2021）。

甘蔗粉垄“145”模式在广西蔗区实施有现实意义。

甘蔗为多年生作物，广西甘蔗生产的宿根期一般为3年左右。本模式则使宿根期由目前的3年左右延长到4年或更长时间，减少整地耕作和繁杂的种植工艺及用种等生产成本；甘蔗宿根丰产期的延长，为甘蔗生产提高经济效益打下了良好基础。

长期以来，甘蔗推行的基本技术是“密行、密植”生产模式，有利的是确保单位面积上的甘蔗株数，不利的是不易在中后期田间机械化作业和容易倒伏，影响产量和品质，也不利于甘蔗机械收割。“145”模式科学地重新布局蔗地立体空间，由于现行的“密行、密植”生产模式难以合理机械化作业，改为一亩地只粉垄超深耕作业“4分地”和只种植“4分地”，免耕的“6分地”则休耕作为田间机械作业通道，既便于除草追肥培土一体机作业，又有利于甘蔗通风、透光和抗倒伏，利于甘蔗机收和避免机轮碾压宿根蔗蔸。将现行1亩地的肥料施用量和地面雨水集中投入到“4分地”的甘蔗利用，促进植株强势生长，对蔗地达到“趋利”和“避害”的效果：“趋利”方面——“粉垄区”创造“耕地水库”和甘蔗根系深扎，保障甘蔗基本处于一个水肥均衡供给的环境，解决季节性干旱带来的不利影响；且能较好地立体利用全田光照，通风透气，实现“种、管、收”全程机械化，降低人工成本，宽行早期可间套种绿肥、花生、大豆、红薯、谷子等；“避害”方面——宽行休养生息，增加生物多样性，减少病虫害和防倒伏。此模式总体实现“4分地”甘蔗持续增产和“6分地”恢复地力两不误，可保障广西蔗糖产业可持续发展。

“145”模式是我们基于广西多年、多地粉垄技术使甘蔗亩增0.8～4.1t、增幅达20%～60%的实践及新近研发出的适于甘蔗粉垄“145”模式的专用耕作机，针对当前广西甘蔗年种植面积大约1200万亩，但平均亩产低，仅在4.5t上下徘徊，蔗地历经几十年连作引起了地力“疲劳”与贫瘠化，增产“见顶”，未来种蔗人员减少，产业面临衰败的局面而提出的，意义重大。

对于“145”模式项目的研究构建，广西科技厅已组织专家进行了充分的论证，均认为可行。我们已分别在南宁、宾阳、隆安和崇左江州等设点示范。2021年，广西隆安实施甘蔗粉垄“145”模式项目569.94亩，经广西科技部门组织广西农业农村厅等单位的专家查定，最高亩产达9.61t，其中核心区面积100亩，粉垄原料蔗每亩产量为8.61t，对照原料蔗每亩产量为6.14t，粉垄原料蔗比对照每亩增产2.47t，增产率为40.23%。

在甘蔗粉垄“145”模式的基础上，还可以建立全程机械化组合性“双吨”技术体系，是指在不增加水肥、降低人工成本和全程机械化条件下，甘蔗首种第1年和宿根4年，5年累计亩增原料蔗5t，年亩增原料蔗1t；在高产蔗地亩产原料蔗可达7.5～8t，折亩产白糖1t。该技术的核心是甘蔗地实行立体空间宽窄行科学布局，耕种与休耕相结合、通风透光与甘蔗最优生长相结合，宽行条带实行休耕，窄行粉垄创新耕作种植甘蔗；窄行第1年底部进行“W暗沟”贮水型粉垄耕作，宿根4年实行垄侧底层耕，5年间倍数增用土、水、气、温、光等自然资源，攻克甘蔗大面积自然性增产、提质、节肥、生态、增效的难题；与之相关的宿根垄侧底层耕、田间除草与培土、专用收割机等体系性农机已经完成配套，可以在广西蔗区实施。

而且，在高产蔗地甘蔗粉垄“145”模式亩产原料蔗可达7.5～8t，可亩产白糖1t。因此，广西可实施甘蔗粉垄“145”模式全程机械化亩增原料蔗1t和亩产白糖1t的“双吨”目标工程（简称粉垄甘蔗“双吨”工程）。

七、“粉垄定律”理论

牛顿提出的宇宙中最基本的法则——万有引力定律与三大运动定律（惯性定律、加速度定律、作用力和反作用力定律），是在1687年7月5日发表的不朽著作《自然哲学的数学原理》中用数学方法阐明的。这4条定律构成了一个统一的体系，被认为是人类智慧史上最伟大的一个成就，由此奠定了之后3个世纪物理界的科学观点，并成为现代工程学的基础。

粉垄农耕的科学核心是在“不乱土层”之下的高质量“深耕又深松”，形成新的“超级耕作层”和“超级土壤水库”。

韦本辉对“粉垄定律”作了探讨。“粉垄定律”依据上述定律确立的理论基础，是基于粉垄农耕的独特耕作方式，激活利用土壤矿物质养分、空气、天然降水、太阳光能等，可大幅度提供人类所需的食物来源；与传统耕作相比，粉垄耕作在土壤数量、质量与对其他自然资源的利用上，均存在内在规律变化的现象，且定律性明显（韦本辉，2020）。

科学试验结果对“粉垄定律”的支撑：2010年，我们在广西宾阳县邹圩镇马脚塘村实施了“五千年”耕作模式试验——人力耕作深度12cm、畜力耕作15cm、拖拉机耕作20cm和粉垄耕作40cm，分别种植玉米、花生，均在零施肥、雨养条件下管理，粉垄耕作玉米产量比拖拉机耕作、畜力耕作、人力耕作依次提高13.36%、15.08%、18.59%，花生产量则依次提高17.91%、23.76%、27.21%。显然，随着对土地耕作深度的加大而作物单产水平提高，其中粉垄耕作40cm种植玉米、花生，分别比拖拉机耕作20cm的增产13.36%、17.91%。

大区域、多作物应用增产规律的支撑：10多年来，粉垄稻田30cm左右（比传统耕作15～18cm增厚1倍左右）、旱地40cm左右（比传统耕作12～20cm增厚1倍以上），在中国横跨低纬18°至高纬46°的28个省份的50种作物应用的实践，不仅可对耕地（旱地、稻田）和盐碱地、退化草原、荒漠化土地等改造利用，而且具有自然增产10%～50%（高的超过100%，如中国科学院南京土壤研究所彭新华对红薯测试的增幅达103%)、提质5%、保水1～2倍、降盐20%～40%和改善生态等效果。“粉垄底耕”于2019年首次在广西隆安县那桐镇稻田实施，水稻亩产456.15kg，比传统耕作（亩产368.30kg）亩增87.85kg，增幅达23.85%。

粉垄挖掘了十大“自然定力”的支撑：粉垄能使地球表层宜耕土地松土量增加1～2倍；土壤保水量增加1～2倍；土壤氧气量增加1倍；土壤有益微生物量增加1倍；土壤速效养分含量增加10%～30%；土壤降盐20%～40%（土壤中有害物质净化作用有待观察）；作物强根壮体生物量增加20%～30%；作物净光合效率提高5%～30%；土壤甲烷等气体减排10%左右；地面空气湿度提升10%以上。

为此，“粉垄定律”确立的理论属性、定义与公式如下。

“粉垄定律”确立的理论属性。“粉垄定律”依照上述定律的定义要求，再与千年以来人力耕作、畜力耕作、拖拉机耕作等3种耕作模式叠加总和相联系的定律相比，存在着“超深耕深松不乱土层”的“全层耕”和“底层耕”条件下耕作深度和松土量倍数增加；且在深耕深松的合理区间内，其活化的土壤数量、土壤养分量和带动的氧气、温度、土壤微生物、天然降水、空间沉降物、太阳光能等“天地资源”的利用量，与作物生物量、经济产量及土地贮水量等存在“正比关系”；这种“正比关系”现象在合理区间范围内，粉垄耕作的深度越深，“天地资源”的利用量越大，作物生物量、经济产量及土地贮水量越大，反之则越小。这一规律为“粉垄定律”的确立奠定了基础依据。

“粉垄定律”确立的定义。由上可知，“粉垄定律”的内涵可确立为：可利用各种土地资源，深耕深松不乱土层，在合理深度区间内的粉垄提高的“天地资源”的利用程度与增加部分的总农业经济产出量、生态环境改善效应经济产出量等呈“正比关系”现象，这一规律称为“粉垄定律”。

“粉垄定律”确立的公式。由上得出“粉垄定律”公式，简要表述如下。

$$(\alpha-\theta)\cdot Y=\sum_{i=1}^{n} C_i \tag{1-1}$$

式中，α表示粉垄耕作的合理深度区间，如旱地粉垄深度60cm为底线，稻田粉垄深度底线为30～35cm；θ表示传统耕作层深度；Y表示粉垄耕作“天地资源”利用量；$\sum_{i=1}^{n} C_i$表示粉垄耕作增加部分的总农业经济产出量、生态改善效应经济产出量等（如人类所需要的粮食及其他农产品自然性增加的产出量、就地贮存天然降水增加为补充陆地蒸发量而形成良好的水汽与降雨循环量、土壤有害气体减排和生物量增加而固碳减排促进气候良性调节量等）；C_i表示粉垄耕作深度和利用“天地资源”所产生的粮食产量增加量、其他生物量增加量、土壤相关因子改变量（如对天然降水的增贮量，N、P、K等速效养分改变量，洪涝、干旱等灾害减轻量，地面空气湿度增加量，土壤甲烷等有害气体减排量等）。

简而言之，“粉垄定律”是以粉垄耕作为介体，增用“天地资源”，增产、提质、保水、生态、淡盐等，不仅为总农业经济产出量、生态改善效应经济产出量等提供科学依据，而且为进一步开拓农耕研究领域和拓宽自然科学研究领域提供广阔的研究前景。

第二章　粉垄农业创造良好土壤生态环境

第一节　粉垄耕作的特点与效果

农业耕作是一切农业活动的起点；没有耕作，就没有农业，就没有人类生存的物质来源。因此，农耕是一切文明起源的基础，也是科学内涵十分丰富的农艺行为。

人类农耕史是一部由刀耕火种到人力锄头整地、犁头畜力整地、犁头拖拉机动力整地的伟大史诗；由此可见，人类农业生产力水平也随农耕方式演变进化而逐渐提高，这是一种农耕方式与自然资源利用及人类劳动共同作用的生产力提高的成果表现。认真总结这一农耕发展规律，对于认识农耕、认识自然、认识农业意义重大。

粉垄耕作是在上述农耕发展背景的基础上发明的一种重大农耕变革。第一，粉垄农耕开创了人类历史上“超深耕深松不乱土层”的农耕先河；第二，发明立式钻头粉垄耕具，创造这一耕具代替犁头可实现人类第一次垂直深旋耕，让表面土层在现有耕作基础上得到一倍或一倍以上的深耕深松，为人类开发尚未利用的土壤资源提供了可能；第三，耕作的土壤组分结构得到进一步的改善与提高，粉垄耕作的土壤结构包括70%以上的颗粒状、20%左右的粉状、10%左右块状，与现有拖拉机耕作的50%左右粉状、30%左右块状、20%左右的颗粒状的土壤组分构成形成良好的反差。

粉垄耕作破解了深耕又不乱土层的世界难题，粉垄利用发明的螺旋型钻头、两刀钻、上钻下犁等粉垄耕具，颠覆传统，实行完全与传统耕作不一样的耕作方式，深耕深松25～50cm，创造了可以满足作物良种进一步增产的土壤环境。

粉垄耕作方式至今已发明或提出的有全层耕、条状全层耕、全层底层耕（遁耕）、条状全层底层耕（遁耕）；最新研发提出了更加适合农艺操作和增贮天然降水需求的耕作方式，如全层耕的底层“W暗沟”型、间隔性条状全层耕的底层“W暗沟”型等。

粉垄耕作可以具多种形式和多种效果，但是其共同特点是超深耕深松不乱土层，土壤粉碎得均匀细碎，土壤结构多呈颗粒状，表面光滑，孔隙度大，多年不易黏结，保持相对疏松状态，有利于雨水快速下渗，有利于土壤保持通透性，有利于作物持续多年高产、增产。

粉垄变革传统耕作，实现农业新的重大突破，要义如下。

第一，超深耕深松，倍数加深耕作层。人类在人口不断增长、农业和水资源日益紧缺的今天，用“四两拨千斤”之力，撬动和加深表层土壤，以土壤为载体，倍数增加利用天然降水、空气、温度、太阳光能等自然资源，服务于农业增长、人类生存与发展需求，意义非同一般。

第二，原位碎土，不乱土层。原耕作层土壤养分分布是长期形成的结果，原位碎土、不乱土层既保持了原耕作层土壤养分分布，又加深利用了尚未利用的犁底层土壤资源，增厚耕作层、增加养分、增加蓄水容量、抗灾减灾，这是利用土地的诸多功能，顺天应人，意义重大。

第三，土壤多为颗粒状，团粒结构表面光滑，易“淡盐”和减排有害物质。粉垄利用“钻头”高速切割碎土，其土壤组分结构为“多数颗粒状＋少量粉状＋少量块状”，作物栽培期内自然不易黏结、板结，明显优于容易黏结、板结的传统耕作的“土壤多数粉状＋中量块状＋少量颗粒状”的组分结构；而且，盐碱地耕作层0～20cm的盐分下移至20～60cm区域，有利于作物发芽出苗和其后的生长发育，耕地的重金属和其他有害物质也会移动或减排。

第四，土壤为疏松悬浮状态，不易板结，透气贮水、可多年利用。粉垄土壤保持疏松，对水、气、温等的充分利用有利，雨水下渗率提高30%～40%，氧气增加1倍，温度提高1～2℃；作物根系特别发达，根系增多、增长20%～30%；且粉垄耕作一次可多年保持耕作层厚度，多年利用，节耕节本。

第五，一次性耕作便完成整地任务，避免耕作机械轮子重力碾压，保持耕地耕作层土壤的原定厚度与疏松度，利于作物的生长发育。粉垄“钻耕”替代“犁耕”一次性耕作便完成整地任务，而传统拖拉机耕作犁、耙、打程序多，拖拉机往返多次运行轮子重力碾压，犁底层紧实上移，耕作层浅薄且土壤被挤压，不利于天然降水留贮和作物增产。

第二节　粉垄耕作的不同方式及其特点

粉垄耕作由于“钻头”耕作工具的变革和“不乱土层”科学耕作理念的出现，为耕作方式优化和多样性带来了可能。

经多年研究实践，我们提出了粉垄全层耕、粉垄局部全层耕、粉垄“板犁”底层耕（遁耕）等耕作方式。这些耕作方式的应用，将为农业生产提供丰富的耕作方式。

一、粉垄全层耕

（一）耕作方式

所谓粉垄全层耕，就是利用立式钻头垂直对耕地整田全层耕作，耕作深度因不同作物种植需求而异，所耕作的土层深厚而不乱。一般应用于大田、整田耕作，利用螺旋型钻头、两刀钻、上钻下犁等粉垄耕具耕作；根据不同农艺需求，田间耕作可以进行底部平底全层粉垄耕作，也可以进行底层“W暗沟”型全层粉垄耕作，后者耕作阻力相对小、节能，实行底层“W暗沟”型全层粉垄耕作有利于建立耕作层底部W型水库功能，更有利于作物保水、增产。

（二）特点

粉垄全层耕超深耕深松不乱土层，可根据不同作物种植对耕作层深浅的需求，在35～50cm进行调节。

二、粉垄局部全层耕

（一）耕作方式

所谓粉垄局部全层耕，就是利用立式钻头，在整块地中按照种植需求合理排列划分粉垄区域进行粉垄作业，如一亩地面积按照带状划分粉垄耕作区域、错列带状粉垄、8分地粉垄+2分地非粉垄（如采用耕作与休耕相结合，8分地耕作、2分地休耕，但其一亩地总产出量与传统耕作一亩面积相当或者略少）；或者四六比例粉垄耕作，如广西甘蔗粉垄“145”模式就是按照第一个种植带中间到第二个种植带中间的距离1.9～2.1m安排甘蔗粉垄种植带，其中0.9m为粉垄种植带（1亩只粉垄4分地）、1.2～1.6m区域为非粉垄宽行，作为甘蔗田间机械化除草、培土、施肥作业通道；如种植西瓜、南瓜等宽行种植带的作物，粉垄面积更少，粉垄与非粉垄面积可安排为2∶8或3∶7。

粉垄局部全层耕可安排间隔性条状平底全层耕，也可安排间隔性条状底层“W暗沟”型耕。

（二）特点

局部全层耕的特点在于既能满足作物对土地深耕深松的需求，又能节省耕作成本；在坡度较大的地方还能减少因耕作引起的水土流失；耕作与休耕相结合，提高土壤肥力和有利于可持续发展。该模式更适宜在果园等应用。

三、粉垄“板犁”底层耕(遁耕)

粉垄“板犁”的底层耕(遁耕)是基于粉垄耕作“不乱土层”的科学理念产生的新的耕作模式，是耕作农艺上的一项重要创举。

(一)耕作方式

所谓粉垄“板犁”底层耕(遁耕)，是在现有种植作物的苗期、中期或宿根期(甘蔗)，利用底部片犁或轴锯等新的粉垄耕作工具，在保护作物不受伤害的前提下，在地面以下30～35cm处进行全层底层或局部底层耕作。

粉垄“板犁”底层耕(遁耕)有全层底层耕(遁耕)、条状全层底层耕(遁耕)、局部侧底层耕等。

(二)特点

粉垄“板犁”底层耕(遁耕)在不伤害土壤表面原有植被、原有植被可继续正常生长的情况下，进行上述不同形式的底层耕。其最大的特点是作物或果树在生长期内或宿根期前进行耕作，使表层土壤不被破坏，使耕作层底层的松土、贮水、溶氧和微生物等4个“库容维度”有效扩张；耕作层底层的4个“库容维度”的有效扩张，使土壤达到疏松透气状态(还可以深层分层施肥)，有利于土壤微生物繁殖，有利于建立土壤水库、土壤养分库、土壤氧气库，促进植物根系生长；同时也可避免全层耕尘泥飘散、水土流失等不利影响。

该模式适宜玉米、小麦等播种前来不及耕作而在苗期进行耕作，以及宿根甘蔗侧底层耕、草原植被恢复区等应用。

第三节　粉垄耕作土壤理化性状

粉垄耕作颠覆了拖拉机犁翻碎土的耕作方式，采用立式钻头垂直入土前行深旋耕30～50cm，土层不乱、土壤颗粒状、微团粒表面光滑、土壤疏松悬浮，一次性完成整地并达到播种要求，扩建了土壤养分、水分、氧气和微生物等“四库”。其基本原理是通过利用螺旋型钻头、耕刀等粉垄耕具，耕作深度达20cm以上(较传统耕作加深1～2倍)，高速平行性横切粉碎土壤并使之悬浮，土壤孔隙度大，土壤团粒结构明显改善、呈表面光滑状态，有效改善土壤生态环境，有利于增贮天然降水，促进作物根系发达、植株健壮、产量增加。

一、粉垄耕作土壤超微结构特点

通过扫描电子显微镜（SEM，S-3400N，日立公司）观察土壤超微形态，可看出粉垄耕作下土壤微形态具有骨骼颗粒细小、排列规则紧密且表面光滑、比表面积较大和孔隙发达等特点。相对于常规旋耕20cm（CT20）和深翻旋耕40cm（DT40）处理，粉垄耕作处理土壤超微形态改变呈现出骨骼颗粒细小且排列紧密、表面光滑、土壤比表面积较大、孔隙分布更丰富等特点。

如图2-1所示，将土壤团聚体表面放大1000倍，能够从SEM图像中直观地看出赤红壤的超微结构，并且能够粗略判断赤红壤剖面黏土矿物的类型。土壤超微结构呈现三维图像，能够准确区分结构体和颗粒体、土壤超微结构类型及微孔隙类型等。从耕作前可看出，原状土下层土壤中清晰可见絮片状黏粒物质连接成的团聚体和腐殖质及其形成的孔道。耕作处理后，赤红壤的形态特征存在明显的差异；与其他耕作方式相比，粉垄耕作方式下土壤超微形态表面光滑，骨骼颗粒细小紧实，排列紧密、规则且具有一定的定向性；各处理均有较多的孔道状微孔隙。

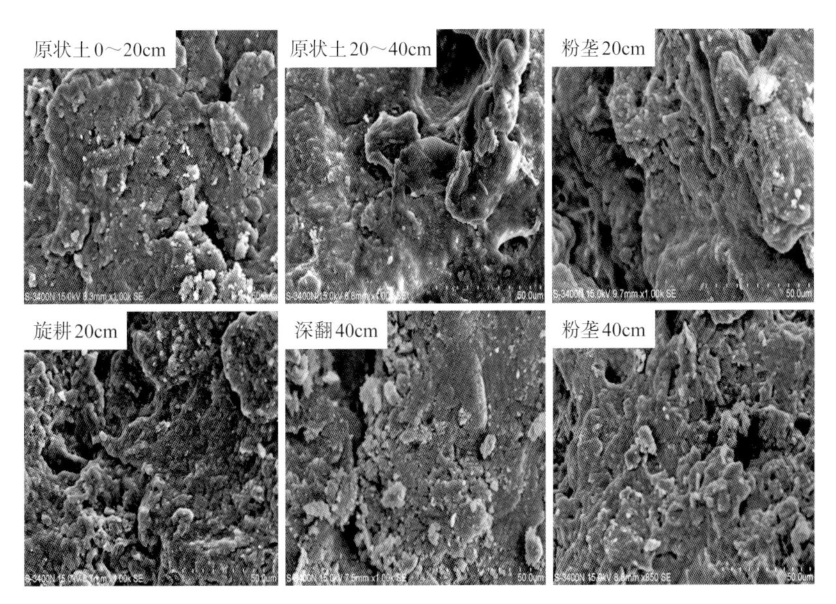

图2-1　不同耕作方式下土壤扫描电子显微镜（SEM）图像（1000×）

图片来源：广西大学蒋代华；图2-2、图2-3同

将图2-1继续放大至5000倍，如图2-2所示，从耕作前可看出，原状土粗骨颗粒排列较紧密，磨圆度较高；而耕作后，明显看出粉垄耕作处理细颗粒体较小，形成的结构体呈絮片状，疏松而不松散。

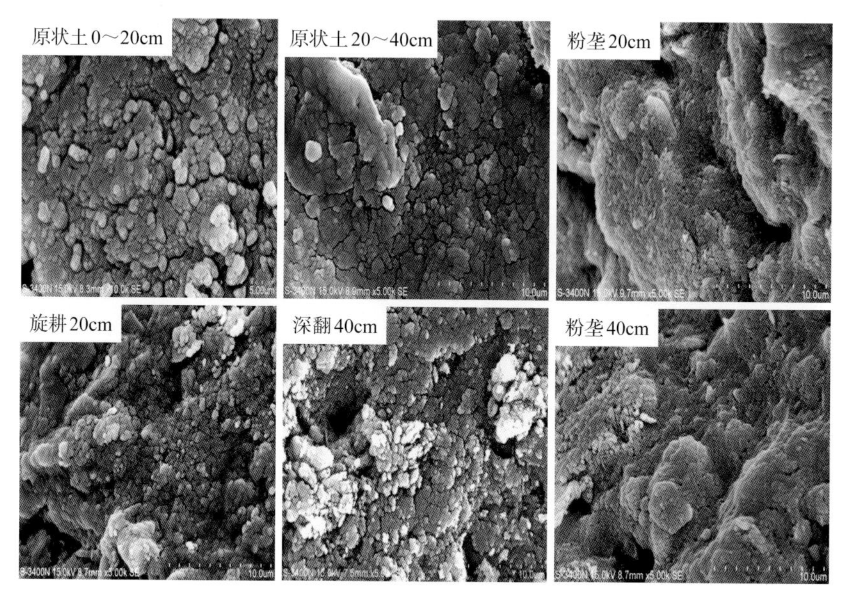

图2-2 不同耕作方式下土壤扫描电子显微镜（SEM）图像（5000×）

将图2-2继续放大至1万倍，如图2-3所示，从耕作前可看出，原状土骨骼颗粒磨圆度高，排列紧密且粒间孔隙明显；从耕作后可看出，在不同耕作方式下，对土壤超微形态颗粒的影响存在着明显差异；CT20和DT40骨骼颗粒与原状土磨圆度类似，而粉垄耕作处理骨骼颗粒更小，粒间孔隙不明显，排列紧密且表面明显光滑。

图2-3 不同耕作方式下土壤扫描电子显微镜（SEM）图像（10 000×）

不同耕作处理对土壤超微形态的影响存在差异，通过扫描电子显微镜（SEM）三种不同视场观察土壤表面超微形态，能够较清晰地看出土壤表面的孔壁、孔道和微孔隙，这些微孔隙直径主要集中在5～200μm，具有通气、贮存水分的功能；土壤微孔隙的类型、数量、组合及剖面分布状况，对土壤肥力具有重要的意义。粉垄耕作较CT20和DT40呈现出土壤表面骨骼颗粒细小、排列规整且紧密、表面更光滑和孔隙更发达等特点，其土壤对水分和养分的吸收利用可能具有更大的吸附性能。粉垄耕作与传统耕作相比，不仅赤红壤各粒级团聚体含量分布存在差异，而且团聚体表面超微形态也存在着差异；这些形态结构的差异，极可能是粉垄耕作技术能增产提质的重要原因之一。

二、粉垄耕作土壤物理特性

粉垄由于使用螺旋型钻头实现了横向快速切割碎土、深耕深松、土壤细碎均匀一致，形成了粉垄特有的土壤物理特性。

（一）土壤颗粒

将土壤颗粒分为粗粒、中粒、细粒3种类型，粉垄土壤的粒径结构和比例与传统耕作相比更加合理，其粗粒（粒径＞3.0cm）减少84.40%～93.52%，中粒（粒径1.0～2.9cm）增加6.67%～15.91%，细粒（粒径＜1.0cm）增加187.27%～198.18%（表2-1）。粗粒、中粒、细粒3种碎土类型含量的比例呈“纺锤形”，中间（中粒类型土壤）的比例多，两头（粗粒、细粒类型土壤）的比例少，且土壤色泽深亮（图2-4），形成了一个疏松深厚且利于雨水加速下渗、氧气充沛、微生物繁殖的土壤生态环境。

表2-1　不同粉垄深度的碎土分级变化情况

碎土分类	粉垄深度			对照（18cm）
	25cm	40cm	60cm	
粗粒（粒径＞3.0cm）含量/（kg/m³）	84	57.5	40	617.5
粉垄比对照增加比例/%	−86.40	−90.69	−93.52	
中粒（粒径1.0～2.9cm）含量/（kg/m³）	352	370.5	382.5	330
粉垄比对照增加比例/%	6.67	12.27	15.91	
细粒（粒径＜1.0cm）含量/（kg/m³）	790	809	820	275
粉垄比对照增加比例/%	187.27	194.18	198.18	

图2-4 粉垄耕作与拖拉机耕作的土壤颗粒结构及色泽比较

（二）团聚体结构

广西隆安县那桐镇赤红壤机械稳定性团聚体和水稳性团聚体在不同耕作方式下存在差异（表2-2和表2-3）。与传统耕作相比，FL20处理增加了0～20cm土层0.5～0.25mm粒级机械稳定性和水稳性团聚体含量（表2-3），团聚体破坏率表现为DT40＞FL40＞CT20＞FL20；FL40相对其他耕作方式，增加了1～0.25mm粒径机械稳定性团聚体含量（$P<0.05$），减少了大于3mm粒径水稳性团聚体含量（$P<0.05$）。相对于CT20和DT40，粉垄耕作能增加赤红壤的中团聚体含量，使赤红壤形态特征存在明显差异。

表2-2 不同耕作方式下土壤机械稳定性团聚体组成 （单位：g/kg）

处理	＞3mm	3～2mm	2～1mm	1～0.5mm	0.5～0.25mm	＞0.25mm
CT20	355.4b	124.2a	225.0a	171.2b	108.9b	984.7±1.9a
FL20	348.3b	126.9a	222.4a	178.0b	99.0b	974.6±2.3a
FL40	291.9b	112.4a	222.7a	209.0a	139.2a	975.2±10.1a
DT40	472.4a	125.0a	194.6a	132.3c	67.2c	991.5±7.2a

注：取样点位于广西隆安县那桐镇；CT20表示常规旋耕20cm，DT40表示深翻旋耕40cm，FL20表示粉垄20cm，FL40表示粉垄40cm；表2-3、表2-4同。同列不同小写字母表示处理间在5%水平差异显著。下同

FL40的0.5～0.25mm和1～0.5mm粒径机械稳定性团聚体含量显著高于其他3种方式（$P<0.05$），其中，FL40与DT40之间差异最大。相反，大于3mm粒径团聚体含量DT40则显著高于其他3种方式（$P<0.05$），其他3种耕作方式之间差异不显著（$P>0.05$）。其余各粒径团聚体含量在不同耕作方式下则差异不显著

表2-3 不同耕作方式下土壤水稳性团聚体组成 （单位：g/kg）

处理	>3mm	3～2mm	2～1mm	1～0.5mm	0.5～0.25mm	>0.25mm	团聚体破坏率/%
CT20	159.4ab	196.2a	253.2bc	184.9a	119.2a	912.9a	7.35
FL20	119.4bc	154.9ab	330.1a	158.1a	148.3a	910.8a	6.55
FL40	113.2c	187.0a	310.9ab	169.6a	110.6a	891.3a	8.60
DT40	169.6a	129.7b	237.0c	180.7a	142.4a	859.4a	13.32

（$P>0.05$）。4种耕作方式下，各处理均以大于0.25mm粒径团聚体为优势团聚体。在不同耕作方式下，机械稳定性各粒径团聚体含量存在不同的差异。相对于其他3种耕作方式，FL40耕作处理下大团聚体向1～0.25mm粒径的中团聚体转化明显；这主要是由于FL40处理对土体的扰动强度和深度较大，减少了土壤的大团聚体，而增加了土壤中、微团聚体（王世佳等，2020）。研究表明，较小的团聚体内部大孔隙较多，其形成的土壤总孔隙和孔隙表面积较大，更利于作物根系下扎和水分与养分的吸收。

由图2-5可知，粉垄耕作的土壤团聚体（也可以视为土壤颗粒体）粒径大于3mm的，粉垄占比12.70%，传统耕作占比19.73%；土壤粒径为3～0.5mm的，粉垄占比74.89%，传统耕作占比63.70%；土壤粒径为0.5～0.25mm的，粉垄占比12.41%，传统耕作占比16.57%。显然，粉垄耕作土壤团聚体粒径大于3mm和小于0.5mm的数量和结构与传统耕作有差异，其数量比例所呈现的"纺锤型"比传统耕作明显。

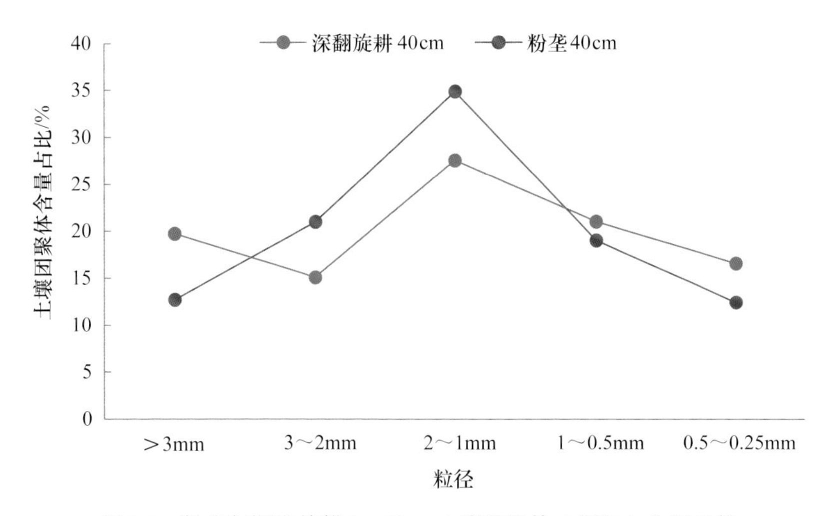

图2-5 粉垄与深翻旋耕0～40cm土壤团聚体（颗粒）含量比较

在山西万荣县通化镇褐土上进行粉垄耕作（深度40cm），对照为旋耕机旋耕（深度20cm）。粉垄耕作对土壤各级团聚体含量的影响如图2-6所示，土壤大团聚体（Ⅰ）、中小团聚体（Ⅱ～Ⅴ）、微团聚体（Ⅵ）含量有一定的规律，粉垄耕作土壤机械稳定性大团聚体含量占比相比常规耕作降低了12.89%。由此可见，粉垄耕作减少了农田土壤机械稳定性大团聚体含量。与常规耕作相比，粉垄耕作土壤中Ⅱ级、Ⅲ级、Ⅳ级、Ⅴ级机械稳定性中小团聚体含量占比分别提高了2.39个百分点、8.42个百分点、1.03个百分点、0.55个百分点，可见粉垄耕作有利于增加土壤中小团聚体含量，这一结论与上述研究（王世佳等，2020）结果一致。

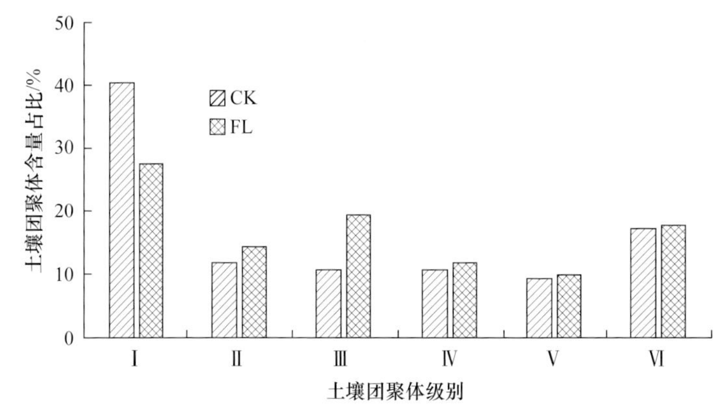

图2-6　粉垄耕作对土壤团聚体含量的影响

取样点位于山西万荣县通化镇，褐土；FL：粉垄耕作；CK：对照。图2-7同

土壤团聚体平均重量直径（MWD）和几何平均直径（GMD）是反映土壤团聚体稳定性的重要指标。如图2-7所示，粉垄耕作下MWD相比常规耕作降低了17.46%，粉垄耕作下GMD相比常规耕作降低了90.03%。由此可见，粉垄耕作下农田土壤机械稳定性团聚体含量降低。这一结论与Alvaro（2008）的研究一致，粉垄耕作加深了疏松土层的深度，深松能明显降低土壤团聚体的MWD。

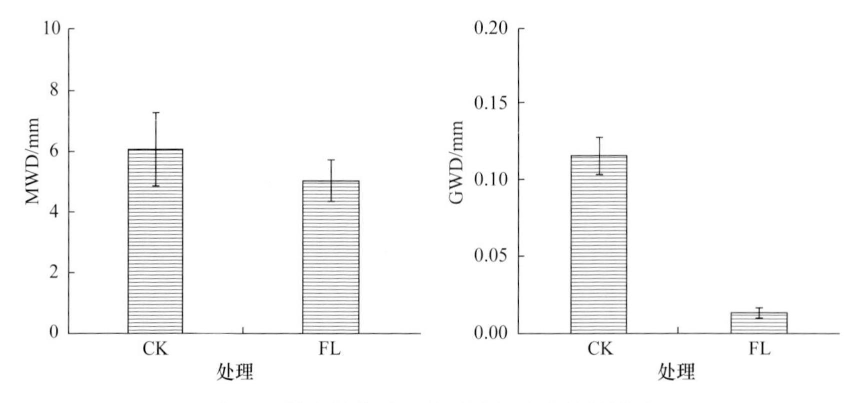

图2-7　粉垄耕作对土壤团聚体稳定性的影响

（三）比表面积、容重、孔隙度

采用氮气吸脱附法对不同耕作处理赤红壤的比表面积、孔结构及孔径分布的变化进行了研究和分析。表2-4为不同耕作处理后土样BET比表面积和气体吸附与解吸法（BJH法）的平均孔径。由表2-4可知，不同耕作方式下赤红壤的孔结构以微孔为主。不同的耕作方式存在着微小差异；比表面积表现为粉垄耕作略大于其他耕作，平均孔径的大小也呈现类似的规律。土壤微形态的差异通过比表面积和孔隙度分析仪测定分析可看出，粉垄耕作下赤红壤的BET比表面积较CT20达显著差异水平（$P<0.05$）。

表2-4　不同耕作方式下赤红壤的比表面积与平均孔径

处理	BET比表面积/（m^2/g）	吸附平均孔径/nm	BJH法吸附平均孔径/nm	BJH法解吸平均孔径/nm
CT20	34.13c	18.53a	18.12ab	17.00bc
FL20	37.47a	19.40a	18.97a	17.81a
FL40	38.12a	19.31a	19.83a	18.41a
DT40	37.27ab	17.17a	16.60b	15.71b

注：同列不同小写字母表示处理间在5%水平差异显著

在宁夏西吉县新营乡白城村进行粉垄马铃薯试验，粉垄耕作后土壤耕作层15～30cm、30～45cm土层的土壤容重明显下降，降幅达7.81%、10.32%；孔隙度则分别提高7.29%、9.36%。粉垄后，0～15cm、15～30cm、30～45cm土层的土壤含水量分别提高了10.58%、4.16%、24.11%（表2-5）（刘江汉，2019）。

表2-5　粉垄耕作不同土层的土壤物理结构变化

处理	容重/（g/cm^3）			孔隙度/%			含水量/%		
	0～15cm	15～30cm	30～45cm	0～15cm	15～30cm	30～45cm	0～15cm	15～30cm	30～45cm
对照	1.29	1.28	1.26	51.32	51.7	52.45	17.39	17.79	17.38
粉垄	1.24	1.18	1.13	53.21	55.47	57.36	19.23	18.53	21.57
比对照增加比例/%	−3.88	−7.81	−10.32	3.68	7.29	9.36	10.58	4.16	24.11

注：取样地点在宁夏西吉县新营乡白城村

在山东省东营市黄河三角洲农业高新技术产业示范区广北农场二分场的滨海重度盐碱地进行粉垄耕作，分别在第一次耕作前（2017年5月7日）、第一次耕作后（2017年5月10日）、第二次耕作前（2017年8月2日）、第二次耕作后（2017年8月26日）、第三次耕作前（2018年5月28日）、第三次耕作后（2018年5月29日）、玉米收获后（2018年9月17日）取样。取样检测结果发现，与拖拉机旋耕（对照）相比，粉垄耕作可以更大幅度地降低土壤容重，而且也可以影响更深层的土壤。0～20cm土层，每次耕作后即时取样，粉垄耕作比对照降低容重0.08～0.12g/cm³，降低幅度为7.34%～11.11%；在第二次耕作前、第三次耕作前、玉米收获后取样的结果显示，粉垄耕作比拖拉机旋耕仍然降低容重0.01～0.07g/cm³，降低幅度为0.89%～6.09%。20～40cm土层，每次耕作后即时取样，粉垄耕作比拖拉机旋耕降低0.29～0.37g/cm³，降低幅度为21.97%～27.41%；在第二次耕作前、第三次耕作前、玉米收获后取样的结果显示，粉垄耕作比拖拉机旋耕仍然降低容重0.21～0.29g/cm³，降低幅度为15.79%～21.32%。40～60cm土层，由于两种耕作方式均未扰动到该土层，其容重保持在1.39g/cm³左右（表2-6）（韦本辉等，2020）。

表2-6　不同耕作方式土壤容重　（单位：g/cm³）

土层	耕作方式	取样时间						
		第一次耕作前	第一次耕作后	第二次耕作前	第二次耕作后	第三次耕作前	第三次耕作后	玉米收获后
0～20cm	对照	1.27	1.09	1.12	1.08	1.15	1.09	1.12
	粉垄	1.27	1.01	1.11	0.96	1.08	0.98	1.06
20～40cm	对照	1.34	1.32	1.33	1.35	1.34	1.33	1.36
	粉垄	1.34	1.03	1.12	0.98	1.10	0.97	1.07
40～60cm	对照	1.38	1.40	1.39	1.39	1.40	1.38	1.39
	粉垄	1.38	1.39	1.37	1.38	1.41	1.37	1.39

注：表中所列数据为平均值

三、粉垄耕作土壤化学特性

粉垄耕作通过螺旋型钻头高速旋转前行，土壤团粒结构改善、土粒裹住的养分裂释；粉垄耕作深垦旋磨，犁底层土壤长期沉积的养分被活化，部分改变了土壤化学养分含量；螺旋型钻头高速旋转切割碎土的过程中，将土壤中作物根系、地上杂草、部分秸秆等，一起旋切粉碎融入土壤中，增加了其有机质含量。

（一）水田

水田粉垄后土壤的有机质和速效养分含量高于传统耕作的含量。经检测，广西南宁市心圩镇的水田土壤粉垄后与对照的有机质和速效磷含量差异不显著；碱解氮含量在两种处理之间差异显著；速效钾含量在两种处理之间的差异达到极显著水平（表2-7）（韦本辉等，2011a）。稻田粉垄后第13季的土壤中有机质和养分含量变化有着相似规律（表2-8）（Wei et al.，2017）。

表 2-7　水田粉垄与非粉垄土壤中有机质及大量元素速效成分含量

养分	粉垄	对照	粉垄比对照增加比例
有机质含量/%	1.34a	1.12a	19.64%
碱解氮含量/（mg/kg）	61.54a	49.62b	24.02%
速效磷含量/（mg/kg）	10.19a	8.20b	24.27%
速效钾含量/（mg/kg）	27.69A	17.55B	57.78%

注：取样地点为广西南宁市心圩镇，委托广西农业科学院农业资源与环境研究所检测。同一行不同大写字母、小写字母分别表示在1%和5%水平差异显著

表 2-8　稻田粉垄后第13季土壤养分含量变化

处理	耕作层厚度/cm	有机质含量/（g/kg）	全氮含量/（g/kg）	全磷含量/（g/kg）	全钾含量/（g/kg）	速效磷含量/（mg/kg）	速效钾含量/（mg/kg）
粉垄	22.0	33.8	2.26	1.16	19.1	79.9	147.0
对照	15.0	34.0	2.27	1.13	20.5	72.0	126.0
粉垄比对照增加量/（kg/hm^2）		9114.95	611.43	334.39	4397.49	25.45	52.44
粉垄比对照增加比例/%		45.80	46.02	50.56	36.65	62.76	71.11

注：取样地点为广西北流市民安镇。粉垄比对照增加量以kg/hm^2为单位，表示$1hm^2$稻田土壤中各种养分的含量，计算公式：耕作层厚度×土壤容重×干土率×各种养分含量（粉垄稻田耕作层厚度为22cm，对照为15cm；土壤容重$1.3g/cm^3$；检测样品为干土，稻田土壤水分为70%，干土率按30%计算）

（二）旱地

粉垄旱地中养分变化与水田有着相似的规律。广西南宁市武鸣区旱地粉垄后土壤中的有机质含量和碱解氮、速效磷、速效钾含量显著高于对照，增幅分别达35.16%、39.54%、44.46%、53.71%（表2-9）（韦本辉等，2011a）。

表 2-9　旱地粉垄土壤中有机质及大量元素速效成分含量

养分	粉垄	对照	粉垄比对照增加比例
有机质/%	1.23a	0.91b	35.16%
碱解氮/（mg/kg）	46.16A	33.08B	39.54%
速效磷/（mg/kg）	7.96A	5.51B	44.46%
速效钾/（mg/kg）	63.93A	41.59B	53.71%

注：取样地点为广西南宁市武鸣区，委托广西农业科学院农业资源与环境研究所检测。同行不同大写字母、小写字母分别表示在1%和5%水平差异显著

广西隆安县那桐镇旱地不同粉垄深度土壤中有机质、碱解氮、速效磷和速效钾的含量，均高于旋耕后的含量（表2-10）（王世佳等，2020）。

表2-10　不同耕作方式下土壤养分含量

处理	pH	有机质含量/（g/kg）	全氮含量/（g/kg）	碱解氮含量/（mg/kg）	速效磷含量/（mg/kg）	速效钾含量/（mg/kg）
CT20	4.83b	32.94a	1.62a	245.46a	7.84b	219a
FL20	4.82b	33.60a	1.644a	266.15a	8.69b	257a
FL40	4.92a	35.46a	1.60a	255.58a	9.70a	244a
DT40	4.57c	31.10a	1.36b	215.13b	3.35c	174b

注：取样地点为广西隆安县那桐镇；CT20表示常规旋耕20cm，DT40表示深翻旋耕40cm，FL20表示粉垄20cm，FL40表示粉垄40cm

甘肃定西旱地粉垄后土壤速效养分含量除了40～60cm土层中的速效钾含量低于对照（表2-11），其余不同深度的粉垄土壤速效养分含量均高于对照，与广西旱地表现相似。

表2-11　甘肃定西市粉垄土壤速效养分

土层/cm	碱解氮含量/（mg/kg）			速效磷含量/（mg/kg）			速效钾含量/（mg/kg）		
	粉垄	对照	粉垄比对照增加比例/%	粉垄	对照	粉垄比对照增加比例/%	粉垄	对照	粉垄比对照增加比例/%
0～20	64.77	45.33	42.89	15.38	8.34	84.41	81.73	77.8	5.05
20～40	48.54	34.60	40.29	8.18	7.96	2.76	81.79	69.73	17.3
40～60	44.18	34.75	27.14	5.45	3.06	78.1	67.77	69.81	−2.92

注：取样地点为甘肃定西市，数据由甘肃省农业科学院旱地农业研究所提供

2018～2019年中国科学院南京土壤研究所在江西鹰潭市粉垄耕作种植红薯，研究发现，粉垄耕作下0～40cm土层土壤有机质和全氮含量大体上显著增加，并且随耕作深度的增加下层土壤增幅更加明显（表2-12）。粉垄耕作下土壤全磷和全钾含量变化均大体上表现为上减（0～20cm土层）下增（20～40cm土层）。0～10cm土壤全磷和全钾含量大体上降低但差异不显著；10～20cm土层除FL40处理全磷含量外，其余处理全磷、全钾含量下降；20～40cm土层FL40处理土壤全磷含量显著增加（P<0.05），全钾含量也有增加（蒋发辉等，2020）。

表2-12　不同耕作处理对0～40cm土壤有机质和养分含量的影响

土层/cm	耕作处理	有机质含量/（g/kg）	全氮含量/（g/kg）	全磷含量/（g/kg）	全钾含量/（g/kg）
0～10	RT	14.43±0.53b	0.90±0.07b	0.66±0.01a	8.98±0.65a
	FL20	17.06±0.58a	1.01±0.01a	0.60±0.04a	8.77±0.73a
	FL30	17.90±1.18a	1.00±0.01a	0.59±0.05a	9.52±1.41a
	FL40	17.85±0.95a	1.00±0.01a	0.62±0.05a	8.74±0.32a

续表

土层/cm	耕作处理	有机质含量/(g/kg)	全氮含量/(g/kg)	全磷含量/(g/kg)	全钾含量/(g/kg)
10~20	RT	13.00±0.18b	0.84±0.05b	0.55±0.01b	9.01±1.13a
	FL20	13.67±0.94b	0.85±0.06b	0.51±0.02c	7.92±0.45a
	FL30	16.58±0.63a	0.92±0.02ab	0.51±0.02c	8.85±0.37a
	FL40	16.84±0.45a	0.94±0.05a	0.59±0.01a	8.13±0.98a
20~40	RT	4.92±0.14c	0.44±0.01c	0.25±0.00b	9.80±0.06a
	FL20	5.43±0.26c	0.45±0.03c	0.24±0.01b	9.95±0.35a
	FL30	6.79±0.26b	0.50±0.01b	0.25±0.00b	9.35±0.65a
	FL40	8.36±0.46a	0.55±0.01a	0.29±0.01a	9.87±0.43a

注：RT表示传统旋耕15cm；FL20表示粉垄耕作20cm；FL30表示粉垄耕作30cm；FL40表示粉垄耕作40cm。同一土层深度下，同一指标在不同处理之间的差异显著性（$P<0.05$）以不同小写字母表示。下同

第四节 粉垄耕作土壤微生物特性

粉垄耕作后，土壤疏松透气，土壤微生物活跃，土壤微生物数量和多样性、土壤酶活性等都有不同程度的提高，营造了良好的粉垄土壤“微生物库”。

一、土壤微生物多样性

2017～2018年在广西隆安县进行粉垄水稻试验。采集粉垄耕作后第一季水稻收获期的根际土壤，进行根际土壤微生物多样性的高通量测序分析。

从门分类水平来看（图2-8），旋耕、免耕和粉垄处理水稻根际土壤细菌群落组成多样性丰富，主要含有变形菌门（Proteobacteria）、绿弯菌门（Chloroflexi）、酸杆菌门（Acidobacteria）、硝化螺旋菌门（Nitrospirae）、绿菌门（Chlorobi）、装甲菌门（Armatimonadetes）、拟杆菌门（Bacteroidetes）、放线菌门（Actinobacteria）、芽单胞菌门（Gemmatimonadetes）、Latescibacteria、浮霉菌门（Planctomycetes）和疣微菌门（Verrucomicrobia）等12个主要的已知菌门，占比共90.88%～93.81%。其中，水稻根际土壤中变形菌门（占比23.06%～28.63%）、绿弯菌门（占比21.32%～25.92%）、酸杆菌门（占比9.53%～15.88%）和硝化螺旋菌门（占比5.11%～7.49%）在3个处理的土壤细菌群落结构中占主导地位，是主要的细菌类群，共占69.96%～73.51%。

从门分类水平对物种相对丰度进行Duncan's多重比较差异分析（图2-9），结果

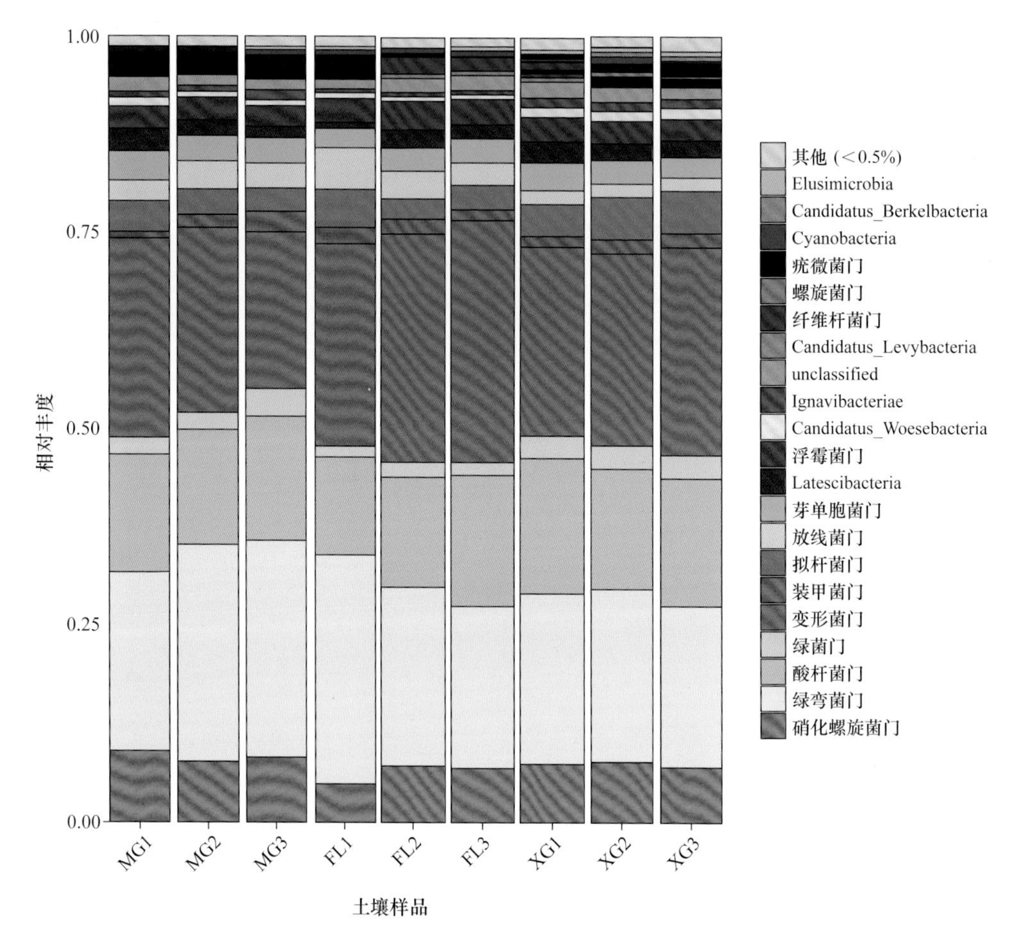

图2-8　不同处理水稻根际土壤细菌菌门物种群落组成多样性分析

MG：免耕；FL：粉垄；XG：旋耕

显示：旋耕、免耕和粉垄处理间有14个菌门存在显著差异，分别为变形菌门、硝化螺旋菌门、放线菌门、浮霉菌门、绿菌门、Ignavibacteriae、Candidatus_Woesebacteria、螺旋菌门（Spirochaetae）、纤维杆菌门（Fibrobacteres）、Candidatus_Berkelbacteria、Parcubacteria、异常球菌-栖热菌门（Deinococcus-Thermus）、Candidatus_Amesbacteria和Nitrospinae。其中，主要优势菌门变形菌门、硝化螺旋菌门、浮霉菌门、放线菌门和绿菌门的相对丰度在3种耕作方式间差异显著（周佳等，2020）。

二、土壤酶活性

2019年在广西隆安县那桐镇大滕村进行粉垄甘蔗宿根试验，经测定，粉垄

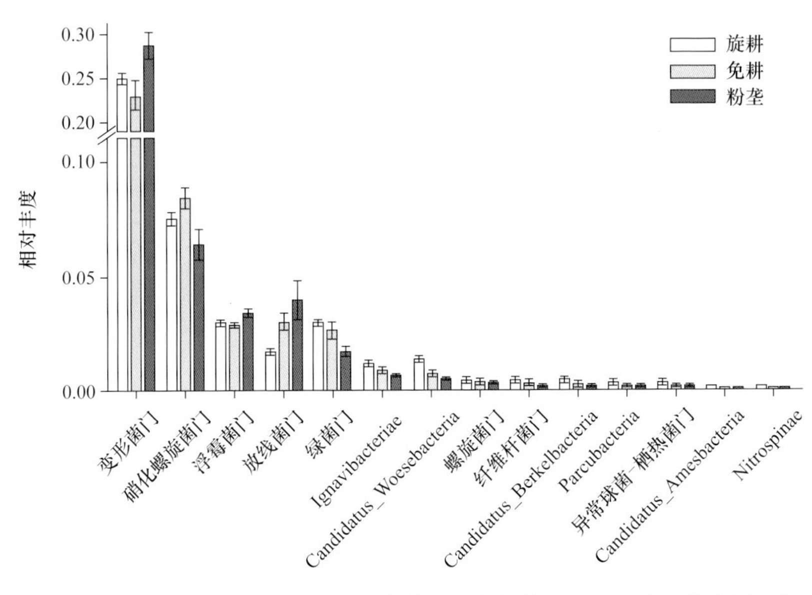

图2-9　不同耕作处理水稻根际土壤优势细菌菌门物种相对丰度差异分析结果

耕作后土壤中的微生物群落数量显著高于旋耕对照，其中氧化细菌、钾细菌、无机磷细菌、有机磷细菌数量分别比对照高出279.59%、72.55%、106.90%、89.72%。土壤酶活性也有所提高，土壤脲酶、蔗糖酶、过氧化物酶、酸性磷酸酶活性分别比对照提高了37.98%、29.06%、43.01%、8.23%（表2-13）（黎佐生等，2020）。

表2-13　粉垄耕作土壤中的微生物数量及酶活性

项目	氧化细菌数量/（$\times10^6$ CFU/g）	钾细菌数量/（$\times10^4$ CFU/g）	无机磷细菌数量/（$\times10^4$ CFU/g）	有机磷细菌数量/（$\times10^4$ CFU/g）
粉垄	232.50	628.57	720.00	944.19
对照	61.25	364.29	348.00	497.67
粉垄比对照增加比例/%	279.59	72.55	106.90	89.72
项目	脲酶活性/（mg/g）	蔗糖酶活性/（mg/g）	过氧化物酶活性/（mg/g）	酸性磷酸酶活性/（mg/g）
粉垄	0.8279	0.5289	0.2418	2.2800
对照	0.6000	0.4105	0.1691	2.1067
粉垄比对照增加比例/%	37.98	28.84	42.99	8.23

第五节　粉垄耕作土壤贮水与利用特点

中国和世界的旱地面积占其总耕地面积的比例大，水利设施条件不足，多为“靠天吃饭”，靠雨养种植，是中国和世界农业发展战略问题，破解“雨养农业”的天然降水利用难题是当前绿色农业发展的关键环节。

旱地采用粉垄深旋耕35～45cm，较传统耕作加深2倍以上，且土壤疏松，天然降水下渗率提高30%～50%，很好地营造了“土壤水库”，并减弱地面蒸腾的负面影响。由于土壤毛细管被切断，白天地面的水分蒸发量减少，同时表土细碎而土壤表面积增大使得夜间从空气中吸纳的水分增多，与传统耕作相比，从表观上看就形成了一种良好的土壤水库“盈余效应”，彰显了旱地“粉垄雨养农业”的优势，有利于促进解决干旱半干旱和季节干旱地区的农业问题。

广西旱地甘蔗等作物常被季节性“三旱”（春旱、秋旱、冬旱）困扰并被制约其单产水平的进一步提升，实践证明，粉垄全层耕35～45cm、间隔性条状全层耕40～50cm，可有效解决土壤季节性供水不均问题，以水促肥、肥水均衡供给，使甘蔗单产提升20%～30%。

一、南方地区

广西农业科学院经济作物研究所于2013～2014年在广西隆安县那桐镇进行粉垄木薯试验，结果表明粉垄耕作后土壤建立了一个“土壤水库”，减少了雨水时空分布不均对作物的不良影响。粉垄耕作下的木薯苗期、薯块膨大期和成熟期的土壤蓄水量在不同土层深度均明显大于传统耕作（对照），且在不同年份的趋势相同，粉垄耕作0～60cm土层的土壤蓄水量在木薯苗期、薯块膨大期和成熟期分别比传统耕作增加9.02%、11.62%和11.79%（表2-14）（刘斌等，2016）。

研究还发现，粉垄耕作可以有效地减少地表径流的发生。2013年，粉垄耕作发生地表径流14次，传统耕作发生地表径流24次，粉垄耕作比传统耕作减少10次，减少41.67%。2014年，粉垄耕作发生地表径流13次，传统耕作发生地表径流21次，粉垄耕作比传统耕作减少8次，减少38.10%。粉垄耕作径流量亦明显小于传统耕作，2年减少径流量78 570.3L/hm^2，减少率为42.03%，表明粉垄耕作地表径流量明显减少，保水效果明显（表2-15，图2-10）（刘斌等，2016）。

表 2-14　粉垄耕作与传统耕作土壤蓄水量的比较

（单位：mm）

处理	年份	苗期（5月中旬）			薯块膨大期（8月中旬）			成熟期（12月上旬）		
		0～20cm	20～40cm	40～60cm	0～20cm	20～40cm	40～60cm	0～20cm	20～40cm	40～60cm
粉垄（FL）	2013	57.0	70.9	86.4	66.7	79.0	98.8	56.9	73.7	84.9
	2014	43.5	50.5	61.4	61.0	68.8	92.4	50.1	55.6	65.6
	平均	50.3	60.7	73.9	63.9	73.9	95.6	53.5	64.7	75.3
传统耕作（CT）	2013	55.3	66.2	71.9	60.6	75.1	87.7	54.3	64.0	65.0
	2014	41.7	47.4	56.6	54.4	62.6	77.6	48.1	52.2	62.6
	平均	48.5	56.8	64.3	57.5	68.9	82.7	51.2	58.1	63.8
FL比CT增加比例/%		3.71	6.87	14.93	11.13	7.26	15.60	4.49	11.36	18.03

表2-15　粉垄耕作与传统耕作水土流失量和产流次数比较

处理	2013年			2014年		
	地表径流量/（L/hm²）	土壤流失量/（kg/hm²）	产流次数	地表径流量/（L/hm²）	土壤流失量/（kg/hm²）	产流次数
FL	57 963.75	13 224.60	14	50 419.80	5 905.80	13
CT	100 575.60	22 108.50	24	86 378.25	12 435.75	21

图2-10　广西木薯地粉垄耕作的地面径流量明显小于传统耕作

2018～2019年中国科学院南京土壤研究所在江西省鹰潭市粉垄耕作后种植红薯，结果表明，与传统旋耕相比，苗期粉垄深度20cm处理0～10cm、10～20cm、20～40cm土壤贮水量分别提升14.4%、16.7%、19.1%，粉垄深度30cm处理分别提升8.4%、11.7%、14.4%，粉垄深度40cm处理20～40cm土层提升8.5%；红薯收获期也有类似结果。在干旱条件下即收获期，FL40处理保水效果最佳，0～40cm贮水量为100.7mm，高于RT（93.6mm）、FL20（95.9mm）、FL30（85.9mm）等其他耕作处理（表2-16）（蒋发辉等，2020）。

表2-16　不同耕作处理对0～40cm土壤贮水量的影响

生育时期	耕作处理	土壤贮水量/mm		
		0～10cm	10～20cm	20～40cm
苗期	RT	21.5	28.1	61.3
	FL20	24.6	32.8	73.0
	FL30	23.3	31.4	70.1
	FL40	21.3	25.6	66.5
收获期	RT	16.3	21.2	56.1
	FL20	16.9	21.4	57.6
	FL30	13.9	20.4	51.6
	FL40	16.4	21.9	62.4

注：RT表示传统旋耕15cm，FL20表示粉垄耕作20cm，FL30表示粉垄耕作30cm，FL40表示粉垄耕作40cm

二、北方黄淮海地区

中国农业科学院农业资源与农业区划研究所在河北省沧州市吴桥县前李村进行玉米试验，设置8个处理：粉垄30cm（F30）、粉垄50cm（F50）、粉垄30cm＋地膜（F30M）、粉垄50cm＋地膜（F50M）、粉垄30cm裸地（即不种植作物）（F30L）、粉垄50cm裸地（F50L），以旋耕15cm（XG）（CK1）和深松35cm（SS）（CK2）作为对照。

结果发现，旋耕处理对土壤贮水消耗量最大，其次是深松处理，其总耗水量比旋耕减少了2.3%。在粉垄耕作的各处理中，以F50的总耗水量最大，而F30M、F50M和F30等3个处理的总耗水量差异较小，4个处理的总耗水量比旋耕减少了12.2%～16.4%，比深松减少了10.2%～14.5%，产量均比两个对照有大幅提升，其中覆膜两处理的增幅更大，因此4个处理的水分利用效率（WUE）也大幅提高，其中F30和F50相当，分别为23.6kg/(mm·hm^2)和23.1kg/(mm·hm^2)，分别比旋耕提高了31.1%和28.3%，比深松提高了21.6%和19.1%，F30M和F50M的WUE则分别高达25.6kg/(mm·hm^2)和27.1kg/(mm·hm^2)，分别比旋耕提高了42.2%和50.6%，比深松提高了32.0%和39.7%（表2-17）。可见，与旋耕和深松相比，粉垄耕作措施可使耕作层更为疏松深厚，易于调用深层水分，在水分补给时，入渗快而深，即土壤调蓄水分更通畅，进而可以提高春玉米的产量和WUE（李轶冰等，2013a）。

表2-17　不同处理下春玉米耗水量及水分利用效率

指标	XG	SS	F30	F50	F30M	F50M
降水量/mm	403.4	403.4	403.4	403.4	403.4	403.4
灌溉量/mm	150	150	150	150	150	150
土壤贮水消耗量/mm	0.9	−11.6	−90	−66.7	−84.6	−85.8
总耗水量/mm	554.3	541.8	463.4	486.7	468.8	467.6
产量/（kg/hm^2）	9 954.6f	10 488.6e	10 930d	11 226.8c	11 996.4b	12 687.3a
水分利用效率/［kg/(mm·hm^2)］	18	19.4	23.6	23.1	25.6	27.1

山西农业大学水土保持科学研究所在山西运城市万荣县通化镇进行玉米试验，设置3个处理：粉垄（FL），用粉垄机械粉垄作业1遍（深度40cm），播种机播种；粉垄＋施肥（FL＋S），用粉垄机械粉垄作业1遍（深度40cm），播种机施肥、播种；对照（CK），用旋耕机旋耕2遍（深度20cm），播种机播种。

如图2-11所示，不同生育时期0～20cm土壤贮水量均表现为FL＞CK和FL＋S＞CK。这与粉垄耕作能提高土壤孔隙度、改善水分渗透性、显著提高土壤含水量有关。FL、FL＋S处理0～20cm土壤贮水量分别比CK最高可增加31.62%、22.80%。

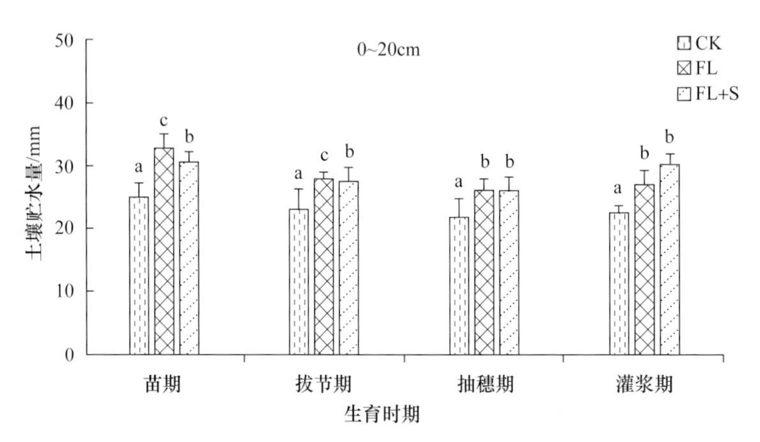

图2-11　玉米不同生育时期不同耕作处理0～20cm土壤贮水量变化

如图2-12所示，各生育时期20～40cm土壤贮水量均表现为FL＞CK、FL＋S＞CK。FL、FL＋S处理20～40cm土壤贮水量分别比CK最高可增加29.47%、33.33%。玉米不同生育时期不同耕作处理土壤贮水量20～40cm大体上均高于0～20cm，这是由于不同深度土层有效贮水量具有随深度加深而逐渐增加的趋势，粉垄耕作深度较深，能提高深层土壤孔隙度，改善水分渗透性，显著提高深层土壤含水量。

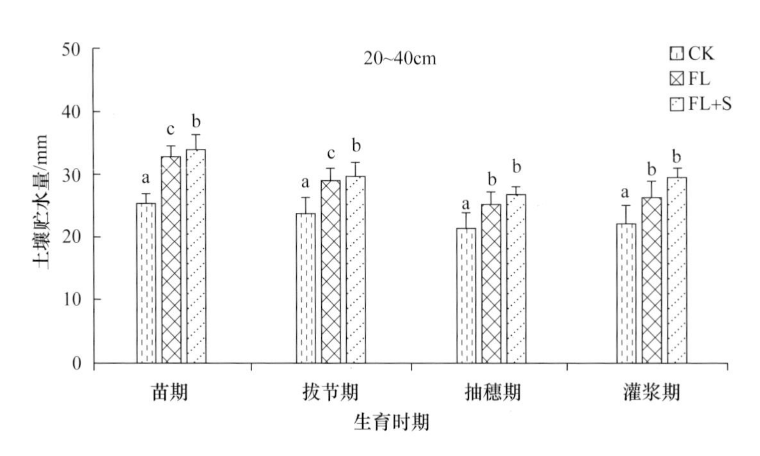

图2-12　玉米不同生育时期不同耕作处理20～40cm土壤贮水量变化

三、西北雨养农业旱区

2011年，甘肃省农业科学院在甘肃省定西市旱地进行粉垄栽培马铃薯试验研究。试验点土壤类型为黑垆土，属典型的黄土高原干旱半干旱丘陵区。

7～8月，先后两次对不同处理土壤含水量进行测定。结果表明（表2-18）：7月12日，0～60cm土层，粉垄土壤含水量比露地（对照1）增加1.61%～17.63%，比双垄沟（对照2）增加17.27%～31.20%；8月30日，0～60cm土层，粉垄土壤含水量比露地（对照1）增加16.84%～25.75%，比双垄沟（对照2）增加10.17%～14.71%。表明在我国西北地区干旱雨养农作区，采用粉垄耕作，深耕深松，土壤集蓄和保持天然降水性能得以增强，有助于作物生长发育和产量提高。

表2-18　甘肃定西粉垄栽培不同处理土壤含水量变化

测定时间	土层/cm	土壤含水量/%			粉垄比露地增加		粉垄比双垄沟增加/%	
		露地	双垄沟	粉垄	增量/%	增幅/%	增量/%	增幅/%
7月12日	0～20	7.45	5.77	7.57	0.12	1.61	1.80	31.20
	20～40	9.59	8.80	11.05	1.46	15.22	2.25	25.57
	40～60	9.64	9.67	11.34	1.70	17.63	1.67	17.27
	60～80	9.79	8.01	9.90	0.11	1.12	1.89	23.60
	80～100	9.70	7.86	9.44	−0.26	−2.68	1.58	20.10
	100～120	9.91	13.96	9.15	−0.76	−7.67	−4.81	−34.46
8月30日	0～20	7.38	8.09	9.28	1.90	25.75	1.19	14.71
	20～40	6.93	7.76	8.69	1.76	25.40	0.93	11.98
	40～60	6.77	7.18	7.91	1.14	16.84	0.73	10.17
	60～80	6.54	7.42	7.54	1.00	15.29	0.12	1.62
	80～100	6.54	8.96	7.86	1.32	20.18	−1.10	−12.28
	100～120	7.52	8.28	9.78	2.26	30.05	1.50	18.12

甘肃省定西市旱地粉垄马铃薯收获后，2011年9月20日至2012年3月25日进入越冬休闲期，2012年3月越冬休闲期结束后进行土壤贮水量的测定。结果显示：粉垄越冬休闲期0～100cm土壤平均含水量为16.05%，同一块地的传统耕作（对照）土壤平均含水量为12.6%，相比而言，粉垄栽培土壤含水量较对照提高了27.38%。粉垄栽培马铃薯后越冬休闲期每亩土壤的贮水量为107m^3，对照只有100.8m^3，相比而言，粉垄地每亩土壤贮水量增加6.2m^3，增幅为6.15%（吕军峰等，2013）。

第六节　粉垄物理改造盐碱地的土壤特点

2017～2018年广西农业科学院经济作物研究所在山东省东营市黄河三角洲农业高新技术产业示范区重度盐碱地，进行了多次粉垄耕作。取样检测结果表明粉垄后上层耕作层（0～20cm）的Mg^{2+}、K^{+}、Na^{+}等盐分离子含量下降，中层耕作层（20～40cm）盐分离子含量上升，下层耕作层（40～60cm）盐分离子含量变化不大（表2-19）。

表2-19　山东东营粉垄后盐碱地的盐分由上层向中下层迁移　（单位：g/kg）

土层	耕作方式	取样时间						
		第一次耕作前	第一次耕作后	第二次耕作前	第二次耕作后	第三次耕作前	第三次耕作后	玉米收获后
0～20cm	传统	11.3a	9.2a	9.7a	8.7a	9.1a	8.5a	8.9a
	粉垄	11.3a	8.6a	7.9ab	6.4b	5.7b	5.4bc	4.3cd
20～40cm	传统	5.1b	4.9b	4.7cd	5.2bc	5.1bc	5.3bc	4.7c
	粉垄	5.1b	5.7b	6.1c	5.8b	6.3b	6.7b	7.2b
40～60cm	传统	4.1bc	4.2bc	3.9d	4.0d	4.2d	4.1d	4.3cd
	粉垄	4.1bc	3.8c	4.3cd	4.2d	4.5c	4.4d	4.9c

2015～2016年在新疆库尔勒市尉犁县兴平乡东干渠（属重度盐碱地）及陕西富平县曹村镇大渠村（属轻度盐碱地）进行粉垄棉花试验和粉垄玉米试验。经检测，如表2-20所示，新疆尉犁试验点粉垄耕作种植棉花比对照（拖拉机耕作种植棉花）土壤全盐量降低0.155%，降幅31.31%；陕西富平试验点粉垄耕作种植玉米比对照（拖拉机耕作种植玉米）土壤全盐量下降0.047%，降幅42.73%（表2-21）（韦本辉等，2017）。吉林洮南重度盐碱地（未种植作物）粉垄后，全盐量下降72.73%（表2-22）。

表2-20　新疆尉犁重度盐碱地粉垄土壤检测结果

检测项目	粉垄	对照	粉垄比对照增加量	增加比例
pH（水：土=2.5：1）	8.22	8.35	−0.13	−1.56%
有机质含量/（g/kg）	6.11	5.92	0.19	3.21%
碱解氮含量/（mg/kg）	30.05	33.6	−3.55	−10.57%
速效磷含量/（mg/kg）	9.9	8.02	1.88	23.44%
速效钾含量/（mg/kg）	244	239	5	2.09%
全盐量/%	0.34	0.495	−0.155	−31.31%

注：数据由甘肃省农业科学院农业测试中心提供

表2-21　陕西富平轻度盐碱地粉垄土壤检测结果

检测项目	粉垄	对照	粉垄比对照增加量	增加比例
pH（水：土＝2.5：1）	8.69	8.37	0.32	3.82%
有机质含量/（g/kg）	20.8	21.0	−0.2	−0.95%
碱解氮含量/（mg/kg）	106	106	0	0.00%
速效磷含量/（mg/kg）	20.8	12.1	8.7	71.90%
速效钾含量/（mg/kg）	120	136	−16	−11.76%
全盐量/%	0.063	0.11	−0.047	−42.73%

表2-22　吉林洮南重度盐碱地（未种植作物）粉垄土壤检测结果

检测项目	粉垄	对照	粉垄比对照增加量	增加比例
pH（水：土＝2.5：1）	10.6	10.58	0.02	0.19%
有机质含量/（g/kg）	6.01	5.66	0.35	6.18%
碱解氮含量/（mg/kg）	43.7	37.1	6.6	17.79%
速效磷含量/（mg/kg）	10.1	33.5	−23.4	−69.85%
速效钾含量/（mg/kg）	100	175	−75	−42.86%
全盐量/%	0.33	1.21	−0.88	−72.73%

从新疆、陕西、吉林和山东（表2-23）等4地的检测结果来看，盐碱地粉垄后与对照相比，土壤有机质含量陕西点下降、其余点上升；土壤碱解氮含量新疆点下降、陕西点持平、其余点上升；土壤速效磷含量吉林点和山东点下降、其余点上升；土壤速效钾含量陕西点和吉林点下降、其余点上升。

表2-23　山东黄河三角洲各类型盐碱地粉垄与拖拉机耕作后即时土壤盐分及养分含量比较

盐碱地类型	检测项目	粉垄0～40cm	旋耕0～20cm	粉垄0～40cm与旋耕0～20cm比较	
				增加量	增加比例
轻度盐碱地	全盐量	0.24%	0.23%	0.01%	4.35%
	碱解氮含量	73.27mg/kg	69.07mg/kg	27.39mg/kg	112.16%
	速效磷含量	17.00mg/kg	19.45mg/kg	5.14mg/kg	74.74%
	速效钾含量	290.91mg/kg	314.90mg/kg	94.36mg/kg	84.76%
	有机质含量	23.19g/kg	22.20g/kg	8.55g/kg	108.98%
中度盐碱地	全盐量	0.23%	0.25%	−0.02%	−8%
	碱解氮含量	63.47mg/kg	43.40mg/kg	29.53mg/kg	192.47%
	速效磷含量	2.81mg/kg	5.08mg/kg	0.19mg/kg	10.76%
	速效钾含量	178.08mg/kg	184.33mg/kg	60.74mg/kg	93.22%
	有机质含量	16.44g/kg	18.26g/kg	5.17g/kg	80.14%

续表

盐碱地类型	检测项目	粉垄0～40cm	旋耕0～20cm	粉垄0～40cm与旋耕0～20cm比较	
				增加量	增加比例
重度盐碱地	全盐量	0.63%	0.92%	−0.29%	−31.52%
	碱解氮含量	13.60mg/kg	13.30mg/kg	4.91mg/kg	104.51%
	速效磷含量	2.31mg/kg	5.67mg/kg	−0.37mg/kg	−18.52%
	速效钾含量	183.77mg/kg	247.85mg/kg	42.31mg/kg	48.29%
	有机质含量	8.57g/kg	8.70g/kg	2.98g/kg	96.84%

粉垄加深了盐碱地土壤耕作层（40cm左右），将原来耕作层中土壤盐分、养分等分布到加深后的耕作层土壤中，在物理层面上稀释了盐分、养分的含量，加之盐分随雨水下沉，使0～20cm耕作层中的土壤盐分含量得以明显下降。水田、旱地等粉垄后，土壤养分含量增加，盐碱地粉垄后耕作层养分也总体表现出这样的规律，需要进一步多年多点跟踪调查以获取更翔实的数据。

第三章 粉垄农业的作物生长发育特点

第一节 粉垄作物根系特点

一、粉垄作物根系农艺性状特性

粉垄耕作比传统耕作的耕作层加深了1～2倍，且土壤细碎疏松，创造了良好的土壤生态环境，土壤水、肥、气、热协调，作（植）物根系特别发达，根系数量、长度均比传统耕作增加20%～30%。

（一）水稻

2011年，广西农业科学院在广西玉林市进行了粉垄水稻根系试验与示范。结果发现，分蘖期粉垄栽培早、晚两季水稻平均每蔸水稻根系总根数较对照（CK）分别增加12.4条、4.8条，增幅分别为14.83%、6.02%；白根数分别增加8.8条、12.2条，增幅分别为20.18%、48.03%；根系干重分别增加0.26g、0.16g，增幅分别为59.09%、43.24%（表3-1）（韦本辉等，2012a）。

表3-1 粉垄栽培水稻分蘖期表现

处理		总根数/条	白根数/条	根长/cm	根系干重/（g/株）
早稻	粉垄	96.0a	52.4a	15.9a	0.70a
	CK	83.6b	43.6b	16.1a	0.44b
晚稻	粉垄	84.6a	37.6a	17.4a	0.53a
	CK	79.8a	25.4b	15.7a	0.37a

在抽穗期，粉垄栽培早、晚两季水稻平均每蔸水稻根系总根数分别较对照增多87.0条、65.5条，分别增加了25.36%、22.75%；白根数分别增多44.0条、26.1条，增幅分别为97.78%、65.91%；根系干重分别增加4.05g、1.46g，增幅分别为38.28%、19.26%（表3-2）。2017年在海南三亚国家水稻公园进行的粉垄水稻示范，表现与上述试验相似（图3-1）。

表3-2 粉垄栽培水稻抽穗期表现

处理		总根数/条	白根数/条	根长/cm	根系干重/（g/株）
早稻	粉垄	430.0a	89.0a	36.2a	14.63a
	CK	343.0b	45.0b	26.4b	10.58b
晚稻	粉垄	353.4a	65.7a	32.4a	9.04a
	CK	287.9b	39.6b	23.7b	7.58a

图3-1 2017年海南三亚国家水稻公园粉垄水稻根系

结果还显示，粉垄栽培早稻总根数、白根数和根长分别比传统种植增加87.0条/株、44.0条/株和9.8cm，方差分析显示差异达显著水平。晚稻表现与早稻基本一致，但各项指标较对照增加的幅度稍小于早稻。

（二）玉米

2010年，广西农业科学院在广西宾阳县进行玉米粉垄零施肥栽培根系试验。结果显示，前期粉垄栽培玉米平均每株根系数量比对照增加16.1条，增幅为15.57%；根系长度增加5.2cm，增幅为22.32%；处理间两指标差异显著（表3-3）（韦本辉等，2011b）。

表3-3 粉垄栽培玉米前期根系

检测项目	粉垄	对照	比对照增加量	比对照增加比例
根数/条	119.5a	103.4b	16.1	15.57%
根长/cm	28.5a	23.3b	5.2	22.32%

2012年，宁夏农垦部门在银川平吉堡现代农业示范园区进行玉米粉垄栽培试验示范。粉垄栽培玉米苗期根系优势表现不明显；从拔节期开始到成熟期，粉垄栽培玉米根系性状明显优于对照（图3-2）。其中成熟期玉米根系鲜重、根系干重，分别比对照增加20.55%、43.00%（表3-4）。

2020年，宁夏大学在宁夏石嘴山市开展粉垄玉米研究试验。结果表明，粉垄耕作40cm和粉垄耕作50cm比传统耕作（浅耕层翻耕）显著提高了玉米根系活力、根系阳离子交换量、超氧化物歧化酶（SOD）活性及过氧化物酶（POD）活性，显著降低了根系丙二醛（MDA）含量，促进了根系养分、水分运输能力，提高了根系活力，提高了根系抗逆能力的同时减缓了衰退速率（陶星安等，2021）。

图3-2　粉垄玉米根系

表3-4　宁夏银川平吉堡玉米粉垄栽培根系

生育时期	处理	根长/cm	根数/条	根系鲜重/g	根系干重/g
苗期	粉垄	17.45	12	2.28	
	对照	17.72	13.6	3.93	
	比对照增加比例	−1.52%	−11.76%	−41.98%	
拔节期	粉垄	60.00	49.39	144.56	22.39
	对照	51.5	58.11	113.5	17.00
	比对照增加比例	16.50%	−15.01%	27.37%	31.71%
吐丝期	粉垄	60.19	55.64	141.09	49.16
	对照	45.54	52.54	106.43	30.68
	比对照增加比例	32.17%	5.90%	32.57%	60.23%
成熟期	粉垄	49.42	53.4	327.1	24.51
	对照	45.2	53.9	271.34	17.14
	比对照增加比例	9.34%	−0.93%	20.55%	43.00%

注：数据由宁夏回族自治区农垦局提供

（三）甘蔗

2010～2011年，广西农业科学院在广西宾阳县和武鸣县进行了粉垄栽培甘蔗根系研究。出苗期，粉垄栽培甘蔗的根系数量及根系长度均明显高于对照，增幅分别为18.75%、23.81%（表3-5）。甘蔗生长后期粉垄栽培甘蔗的根系重量远远大于对照，‘新台糖22号’的根系鲜重比对照高115.05%，干重比对照高

96.17%；与对照相比，‘柳城03-1137’根系鲜重增加比例更是达到了146.48%，干重增加比例达86.94%（表3-6）。另外，粉垄栽培甘蔗的根系无论是在数量上还是在长度上均优于对照，且其纵向分布明显下移（韦本辉等，2011d）。

表3-5　粉垄栽培甘蔗出苗期根系表现

检测项目	粉垄	对照	比对照增加量	比对照增加比例
根数/条	9.5	8	1.5	18.75%
根长/cm	6.24	5.04	1.2	23.81%

品种：‘柳城03-1137’，播种时间：2010.5.20，调查时间：2010.6.13

表3-6　粉垄栽培甘蔗生长后期根系表现

品种	处理	根系鲜重/（g/2.4m²）	根系干重/（g/2.4m²）
新台糖22	粉垄	162.34	94.67
	对照	75.49	48.26
	粉垄比对照增加量	86.85	46.41
	粉垄比对照增加比例/%	115.05	96.17
柳城03-1137	粉垄	234.50	124.93
	对照	95.14	66.83
	粉垄比对照增加量	139.36	58.10
	粉垄比对照增加比例/%	146.48	86.94

图3-3　粉垄甘蔗根系

2018～2020年，广西大学在广西隆安县进行甘蔗粉垄栽培试验（图3-3）。与常规耕作（CK）比较，粉垄甘蔗根长、根直径、根体积和根尖数分别增加20.9%～42.3%、12.3%～71.0%、33.3%～71.0%和6.4%～61.6%，根表面积增加21.8%～64.1%，其中，以上指标均以伸长期提高幅度最大，成熟期提高幅度最低，宿根蔗提高幅度大于新植蔗。根鲜重和干重分别提高26.8%～64.4%和32.6%～95.3%，新植蔗根鲜重和干重提高幅度均大于宿根蔗，粉垄耕作显著大于常规耕作。无论在苗期、伸长期还是成熟期，粉垄甘蔗根系活力均显著大于常规栽培甘蔗。在苗期，粉垄甘蔗根系活力是常规耕作甘蔗的1.29倍；伸长期是1.39倍，成熟期是1.25倍，各时期根系活力均差异显著（图3-4）（李浩等，2021）。

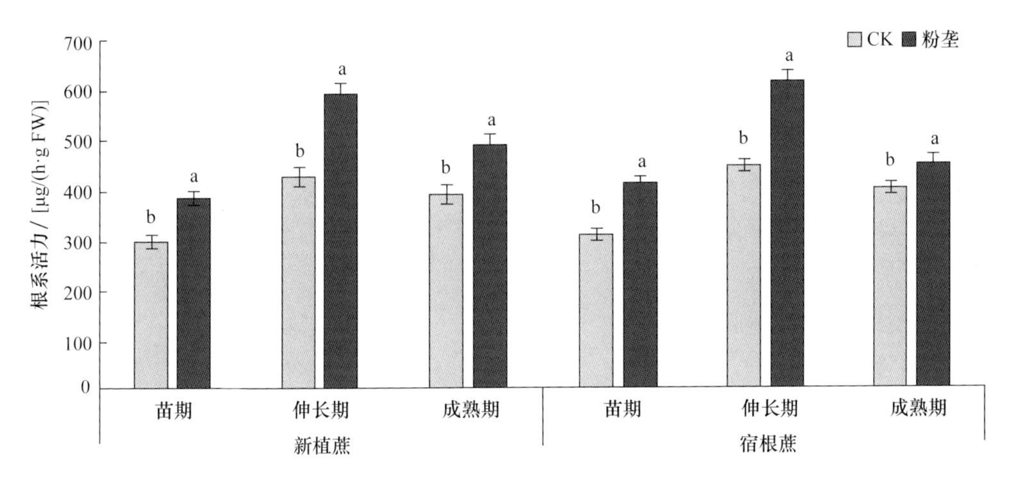

图3-4　粉垄甘蔗根系活力

（四）木薯

2009～2010年，广西农业科学院在广西宾阳县进行了粉垄栽培木薯的根系试验研究。结果表明，与常规栽培（CK）相比，粉垄栽培木薯数量（单株结薯数）增加了23.13%～40.00%，根系长度（薯长）增加了6.93%～60.00%，处理间大体上差异显著（表3-7、表3-8、图3-5）（韦本辉等，2011e）。

表3-7　粉垄栽培木薯的单株结薯数　（单位：条/株）

处理	华南205		新选048	
	2009年	2010年	2009年	2010年
粉垄	14.9a	16.5a	13.3a	15.7a
CK	11.3b	13.4b	9.5b	11.9a
粉垄比CK增加量	3.6	3.1	3.8	3.8
粉垄比CK增加比例	31.86%	23.13%	40.00%	31.93%

表3-8　粉垄栽培木薯的根系长度（薯长）　（单位：cm）

处理	华南205		新选048	
	2009年	2010年	2009年	2010年
粉垄	35.2a	31.4a	32.2a	29.3a
CK	22.0b	26.7a	24.8b	27.4a
粉垄比CK增加量	13.2	4.7	7.4	1.9
粉垄比CK增加比例	60.00%	17.60%	29.84%	6.93%

粉垄耕作在红薯（图3-6）、小麦（图3-7）、花生（图3-8）等作物应用，其根系亦有相似表现。

图3-5 粉垄木薯块根

图3-6 粉垄红薯根系

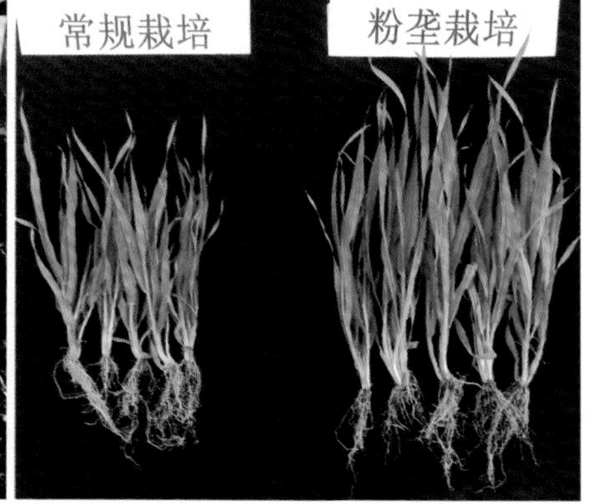

图3-7 粉垄小麦根系

图3-8 粉垄花生根系

二、粉垄作物根系超微结构特性

2018～2019年，试验研究发现，粉垄甘蔗白根远比常规耕作多且长，粉垄甘蔗根毛大小粗细均匀，排列疏松有序，而常规甘蔗根毛细胞相对较短，大小粗细不一，排列较紧实。粉垄甘蔗根毛区薄壁细胞的细胞壁增厚明显，细胞质有丰富的细胞内含物、液泡大、细胞核周围粗面内质网数量更丰富，并相互连结成网状而贯穿于细胞质之中，高尔基体数量更多、个体也较大。常规耕作甘蔗细胞中很少观察到粗面内质网，细胞壁较薄，细胞核嗜锇颗粒不密集，分布较松散。粉垄新植蔗和宿根蔗细胞中线粒体数目比常规耕作分别增加37.5%和53.8%，均达显著差异水平，且粉垄甘蔗线粒体膜更圆润完整，内膜折叠程度更高且嵴更为清晰（图3-9）（李浩等，2021）。

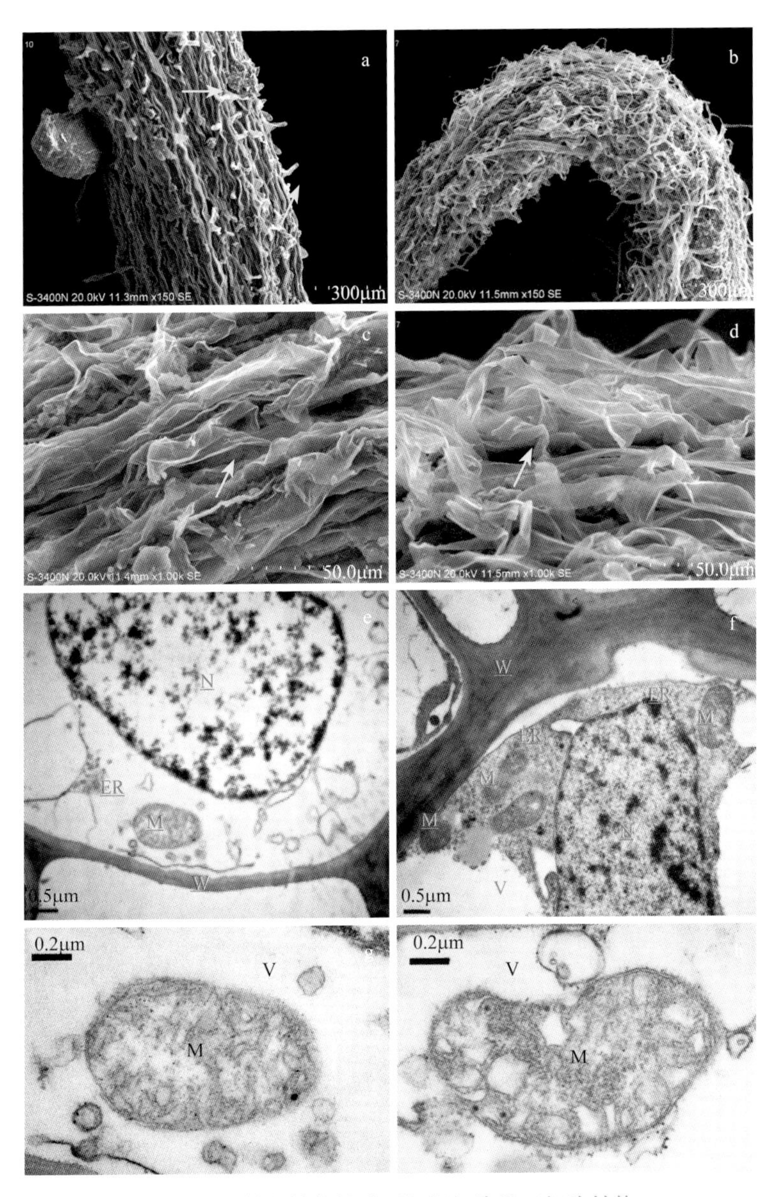

图3-9　粉垄甘蔗根毛区组织细胞及亚细胞结构

a. 传统种植甘蔗根毛区组织形态；b. 粉垄甘蔗根毛区组织形态；c. 传统种植甘蔗根毛；d. 粉垄甘蔗根毛；e. 传统种植甘蔗根毛区细胞超微结构；f. 粉垄甘蔗根毛区细胞超微结构；g. 传统种植甘蔗根毛区线粒体结构；h. 粉垄甘蔗根毛区线粒体结构。箭头所指为根毛。N：细胞核，ER：粗面内质网，M：线粒体，W：细胞壁，V：液泡

第二节 粉垄作物茎叶特性

粉垄栽培能够有效改善土壤耕作生态环境，使土壤中水肥供应趋于平衡，作物根系发达，须根总量增加，从根本上加强了根系对养分和水分的吸收性能，进而提高了作物水肥利用效率，植株茎叶生长健壮，代谢活动旺盛，库源关系协调，光合效率明显提高（图3-10和图3-11）。

图3-10 粉垄水稻后期青枝蜡秆

图3-11 粉垄栽培烟叶

一、粉垄作物茎生长特点

茎是根和叶之间起输导与支持作用的植物体重要的营养器官。茎尖与根尖类似，具有无限生长的能力；茎尖不断生长，陆续产生叶和侧枝，除少数地下茎外，共同构成了植物体地上部分庞大的枝系。茎可支持着叶，使它们有规律地分布，以利于充分接受阳光进行光合作用；根从土壤中吸收的水分和无机盐通过茎输送到地上各部分，同时茎也将叶制造的有机物传输到根和植物体的其他部分，供植物利用或贮藏；茎有贮藏营养物质的功能，如甘蔗茎的营养组织细胞内可贮藏糖类等物质。

广西农业科学院粉垄课题组于2013～2014年在广西隆安县那桐镇进行了粉垄木薯试验，结果表明粉垄耕作后木薯株高增加9.54%～14.54%，茎秆重增加22.03%～27.50%（表3-9），表明粉垄耕作对木薯茎的生长有促进作用（刘斌等，2016）。

表3-9　粉垄耕作对木薯茎秆的影响

年份	处理	株高/cm	茎粗/cm	茎秆重/（kg/hm²）
2013	粉垄	321.5	3.137	43 770
	对照	293.5	3.189	35 868
2014	粉垄	370.3	3.427	50 125.5
	对照	323.3	3.312	39 313.5

2015年在广西农业科学院进行甘蔗粉垄栽培试验发现，由表3-10可知，6～11月粉垄栽培甘蔗的月生长速度均高于对照（传统耕作），以8～9月的增幅最大，为53.7%；10～11月的增幅最小，为6.4%。粉垄与对照的甘蔗生长速度以6～7月最快，分别为98.4cm、72.2cm；10～11月的长速最慢，分别为19.9cm、18.7cm。此试验表明在6～11月时，粉垄栽培能加快甘蔗蔗茎的生长速度。试验还在6月1日至7月1日对甘蔗地面第一节蔗进行了连续测量（表3-11），结果发现粉垄栽培甘蔗茎径均比对照粗（均包被着叶鞘），差异达显著水平；到7月16日地面第一节蔗径不再增粗时，粉垄栽培甘蔗的茎径（地面第一节）比对照增加7.7%；表明粉垄栽培对增加甘蔗的茎径是有优势的（周灵芝等，2017a）。

表3-10　粉垄栽培甘蔗伸长期生长速度　（单位：cm/月）

处理	6月	7月	6～7月生长速度	8月	7～8月生长速度	9月	8～9月生长速度	10月	9～10月生长速度	11月	10～11月生长速度
粉垄	74.1	172.5	98.4	256.5	84	324.9	68.4	379	54.1	398.9	19.9
对照	58.3	135.5	72.2	194.7	59.2	239.2	44.5	281.5	42.3	300.2	18.7
比对照增加比例/%	27.1	27.3	36.3	31.7	41.9	35.8	53.7	34.6	27.9	32.9	6.4

表3-11　粉垄栽培甘蔗茎径增粗情况　（单位：mm）

处理	6月1日	6月16日	7月1日	7月16日
粉垄	21.74a	23.34a	25.03a	26.57a
对照	17.56b	20.42b	22.89b	24.68b
比对照增加比例/%	23.8	14.3	9.3	7.7

2017年，在广西宾阳县利用甘蔗品种‘福农41’为试验材料，以传统耕作为对照进行试验，结果显示，粉垄甘蔗单茎重量为1.95kg，有效茎数为4546.4条/亩，对照甘蔗单茎重量为1.67kg，有效茎数为4004.7条/亩；与对照相比，粉垄耕作条件下甘蔗单茎重量和有效茎数分别增加16.8%、13.5%，表明粉垄耕作既能增加单茎重量，又能增加有效茎数，进而显著提高甘蔗产量（图3-12）（王奇等，2019）。

图3-12　粉垄甘蔗茎叶长势旺盛

此试验中，粉垄甘蔗茎长320.7cm、茎径2.84cm，对照茎长318.2cm、茎径2.62cm，粉垄耕作下甘蔗茎长略有增加但差异未达到显著水平，甘蔗茎径增加0.22cm，增幅为8.4%，差异显著，蔗茎增粗发生在3～16节间。粉垄甘蔗节间数为27.0节/条，节间长为11.9cm，对照则分别为26.9节/条、11.8cm，粉垄条件下甘蔗节间数和节间长略有增加，但差异不显著（王奇等，2019）。

二、粉垄作物叶光合特点

光合作用是作物在生长过程中将光能转化为有机物的过程，所产生的有机物主要是碳水化合物。光合效率高低在一定程度上决定作物的产量和品质。

作物的光合效率与作物品种、栽培环境有关。因此，要提高特定作物的光合效率，必须从耕作和栽培措施上创造条件，为作物健壮生长提供良好的土壤耕作生态环境。粉垄耕作可促进根系发达和植株健壮，并协调提升作物生理代谢功能，从而进一步提升作物的光合效率。

2017年在广西宾阳县利用甘蔗品种‘福农41’进行试验发现，在粉垄甘蔗生长后期，完全展开叶数、不完全展开叶数为分别7.3张、2.2张，对照则分别为6.6张和2.1张，而且粉垄甘蔗同一叶位完全展开叶的叶宽和叶面积比对照显著增加（王奇等，2019）。

2010～2011年在广西宾阳县和武鸣县进行的粉垄栽培甘蔗试验结果表明，粉垄栽培甘蔗后期的完全展开绿叶（功能叶片）均多于对照，其中‘柳城03-1137’

达显著差异水平。'新台糖22号''柳城03-1137'后期的完全展开绿叶(功能叶片)每株分别比对照多0.52片、1.20片，增加率分别为14.65%、19.35%，单株全部绿叶的重量分别增加27.50%、29.49%(表3-12)(韦本辉等，2011d)。

表3-12 粉垄栽培甘蔗的后期叶片数

品种	处理	单株绿叶数		单株绿叶重
		完全展开绿叶	不完全展开绿叶	
新台糖22号	粉垄	4.07	3.55	0.204kg
	对照	3.55	3.35	0.160kg
	粉垄比对照增加比例	14.65%	5.97%	27.50%
柳城03-1137	粉垄	7.40	2.60	0.404kg
	对照	6.20	2.40	0.312kg
	粉垄比对照增加比例	19.35%	8.33%	29.49%

对水稻、甘蔗、木薯等多种作物不同生育时期的光合参数(净光合速率、气孔导度、胞间CO_2浓度、蒸腾速率等)进行了测试和对比研究，结果发现，几乎所有被测定的粉垄栽培作物，其光合生理参数均明显高于对照(非粉垄栽培)。由此表明粉垄栽培作物的光合特性优于非粉垄栽培的作物，粉垄栽培作物干物质合成和积累能力将可能强于对照，从而有利于获得高产。如表3-13所示，在对粉垄水稻、玉米、甘蔗、花生、大豆、木薯、淮山的光合特性研究中发现，水稻、玉米、甘蔗等禾本科作物净光合速率提高6.86%～11.95%；花生、大豆等豆科作物净光合速率提高20.32%～32.08%；木薯、淮山等薯类作物净光合速率提高4.92%～10.61%。

表3-13 粉垄栽培不同作物的光合特性

作物	处理	净光合速率/[μmol CO_2/(m^2·s)]	气孔导度/[mol H_2O/(m^2·s)]	胞间CO_2浓度/(μmol CO_2/mol)	蒸腾速率/[mmol H_2O/(m^2·s)]
水稻	粉垄	12.31	0.59	349.50	4.26
	对照	11.52	0.46	352.25	3.77
	比对照增加量	0.79	0.13	−2.75	0.49
	比对照增加比例	6.86%	27.40%	−0.78%	12.93%
玉米	粉垄	15.56	0.11	114.21	1.90
	对照	13.90	0.07	35.57	1.35
	比对照增加量	1.66	0.04	78.64	0.55
	比对照增加比例	11.95%	57.14%	221.09%	40.74%

续表

作物	处理	净光合速率/[μmol CO_2/(m^2·s)]	气孔导度/[mol H_2O/(m^2·s)]	胞间CO_2浓度/(μmol CO_2/mol)	蒸腾速率/[mmol H_2O/(m^2·s)]
甘蔗	粉垄	23.72	0.45	66.42	10.48
	对照	21.71	0.40	69.59	8.51
	比对照增加量	2.01	0.05	−3.17	1.97
	比对照增加比例	9.26%	12.50%	−4.56%	23.15%
花生	粉垄	20.05	0.46	264.45	5.75
	对照	15.18	0.28	229.83	4.18
	比对照增加量	4.87	0.18	34.62	1.57
	比对照增加比例	32.08%	64.97%	15.06%	37.57%
大豆	粉垄	9.77	0.13	241.82	2.18
	对照	8.12	0.13	260.21	2.28
	比对照增加量	1.65	0.00	−18.39	−0.10
	比对照增加比例	20.32%	0.00%	−7.07%	−4.39%
木薯	粉垄	19.81	0.39	254.47	6.11
	对照	17.91	0.32	246.74	5.39
	比对照增加量	1.90	0.07	7.73	0.72
	比对照增加比例	10.61%	21.88%	3.13%	13.36%
淮山	粉垄	8.75	0.12	234.77	2.79
	对照	8.34	0.12	231.53	2.61
	比对照增加量	0.41	0.00	3.24	0.18
	比对照增加比例	4.92%	0.00%	1.40%	6.90%

在广西宾阳粉垄甘蔗的苗期、中期分别进行光合生理参数测定。结果显示，粉垄栽培甘蔗苗期的叶片净光合速率、气孔导度、胞间CO_2浓度、蒸腾速率分别较对照增加了27.25%、35.72%、11.61%、15.76%（表3-14）；生育中期甘蔗叶片净光合速率、气孔导度、蒸腾速率则分别较对照增加9.26%、12.5%、23.15%。由此表明采用粉垄栽培促进了苗期甘蔗植株的形态建成，因而其叶片利用光能的能力明显较对照强，有利于光合产物的积累。随着生育进程的推进，粉垄栽培处理的甘蔗叶片光合能力增幅不大，而对照处理的甘蔗叶片光合能力增幅较大，但作物产量是全生育期群体有机物累积的结果，因此，综合来看，粉垄栽培处理的甘蔗叶片光合能力较对照更能在较长时间内维持一个相对较高的水平，更有利于甘蔗丰产、高产。

表3-14　粉垄栽培甘蔗不同生长时期的光合特性

生育时期	处理	净光合速率/[μmol CO_2/(m²·s)]	气孔导度/[mol H_2O/(m²·s)]	胞间CO_2浓度/(μmol CO_2/mol)	蒸腾速率/[mmol H_2O/(m²·s)]
苗期	粉垄	23.68	0.19	136.58	3.38
	对照	18.61	0.14	122.38	2.92
	粉垄比对照增加比例	27.25%	35.72%	11.61%	15.76%
中期	粉垄	23.72	0.45	66.42	10.48
	对照	21.71	0.40	69.59	8.51
	粉垄比对照增加比例	9.26%	12.50%	−4.56%	23.15%

注：测定地点为广西宾阳县

2018～2019年，在广西隆安县进行了甘蔗常规耕作（旋耕机耕作，CK，深度20cm）和粉垄机耕作（自走式粉垄机，深度40cm）试验，结果发现随甘蔗生长发育，净光合速率、气孔导度、胞间CO_2浓度、蒸腾速率和叶绿素含量呈现先升高后降低的趋势，伸长期最高。在伸长期，粉垄耕作下的净光合速率、气孔导度、胞间CO_2浓度、蒸腾速率、叶绿素含量分别提高了37.1%、45.0%、19.12%、25.9%、5.4%，显著大于常规耕作，但叶绿素含量在苗期和成熟期差异不显著。在成熟期，粉垄甘蔗的净光合速率、气孔导度、蒸腾速率均显著大于常规耕作甘蔗，分别提高了14.1%、70.0%、6.7%。在苗期，常规耕作甘蔗与粉垄甘蔗的光合参数无显著差异（表3-15和图3-13）（李素丽等，2020）。

表3-15　粉垄耕作下甘蔗叶绿素含量及光合特性

生育时期	处理	净光合速率/[μmol CO_2/(m²·s)]	气孔导度/[mol H_2O/(m²·s)]	胞间CO_2浓度/(μmol CO_2/mol)	蒸腾速率/[mmol H_2O/(m²·s)]	叶绿素含量(SPAD值)
苗期	CK	19.27±1.05a	0.10±0.004a	84.47±6.88a	3.60±0.94a	37.19±0.9a
	粉垄	20.59±0.48a	0.12±0.016a	91.35±2.53a	3.74±0.31a	36.59±1.8a
伸长期	CK	22.29±1.50b	0.20±0.008b	149.76±15.50b	4.52±0.21b	44.33±0.4b
	粉垄	30.56±0.82a	0.29±0.008a	178.40±6.16a	5.69±0.10a	46.72±0.2a
成熟期	CK	19.27±0.25b	0.10±0.004b	101.47±6.68a	3.60±0.946b	39.78±1.1a
	粉垄	21.99±0.48a	0.17±0.016a	88.35±2.53b	3.84±0.31a	40.86±0.2a

注：同一生育时期下，同一指标不同处理之间的差异显著性（$P<0.05$）以不同小写字母表示

图3-13 粉垄栽培甘蔗

第三节 粉垄零基础肥力的作物生长与增产效应

经过粉垄深耕深松后，土壤的碱解氮、速效磷、速效钾、有机质等养分得到释放，土壤肥力增加；粉垄土壤细碎疏松，土壤贮水能力提高，植物根系发达，光合作用增强，为粉垄不增施肥料或零施肥亦能提高作物产量提供了可能。

一、广西粉垄零基础肥力水稻、玉米、花生产量

2010年，广西农业科学院在广西宾阳县零施肥条件下进行粉垄与多种不同的耕作方式（对照）的对比试验，粉垄玉米（表3-16）、花生（表3-17）的产量比拖拉机、畜力、人力耕作分别增产13.35%～18.55%、17.91%～27.22%（韦本辉等，2011b）。

表3-16　粉垄栽培玉米农艺性状及产量（不施肥，广西宾阳）

处理	株高/cm	穗长/cm	穗粗/cm	秃尖长/cm	穗行数	产量/kg
粉垄	228.73	17.27	4.76	0.98	15.20	400.52
拖拉机耕作	241.00	16.20	4.60	1.27	14.80	353.35
畜力耕作	224.70	15.24	4.55	1.26	14.67	348.02
人力耕作	228.67	15.61	4.62	1.39	14.53	337.85
粉垄比拖拉机耕作增加比例	−5.09%	6.60%	3.48%	−22.83%	2.70%	13.35%
粉垄比畜力耕作增加比例	1.79%	13.32%	4.62%	−22.22%	3.61%	15.09%
粉垄比人力耕作增加比例	0.03%	10.63%	3.03%	−29.50%	4.61%	18.55%

表3-17　粉垄栽培花生农艺性状及产量（不施肥，广西宾阳）

处理	主茎高/cm	分枝数	结果枝数	产量/kg
粉垄	43.44	5.47	4.23	263.35
拖拉机耕作	51.90	4.29	3.40	223.34
畜力耕作	58.48	5.72	3.46	212.68
人力耕作	49.41	5.88	3.70	207.01
粉垄比拖拉机耕作增加比例	−16.30%	27.51%	24.41%	17.91%
粉垄比犁耙耕作增加比例	−25.72%	−4.37%	22.25%	23.82%
粉垄比人力耕作增加比例	−12.08%	−6.97%	14.32%	27.22%

2018年，广西农业科学院在广西隆安县进行粉垄水稻零施肥试验，结果显示，粉垄水稻平均亩产干谷364.5kg，对照平均亩产干谷315.7kg，粉垄比对照亩增干谷48.8kg，增幅为15.5%（图3-14）。

图3-14　粉垄水稻零施肥对比

二、甘肃粉垄零基础肥力马铃薯产量

2012年，甘肃省农业科学院旱地农业研究所在甘肃省定西市进行不施肥粉垄耕作与机械深松耕作、机械旋耕耕作、传统犁耕耕作等耕作方式的对比试验（图3-15）。表3-18显示，在不施肥条件下，粉垄耕作栽培种植的马铃薯鲜薯产量分别较机械深松耕作、机械旋耕耕作、传统犁耕耕作增产16.26%、26.55%、28.83%，商品率依次提高27.43%、39.88%、44.20%。

图3-15　甘肃定西粉垄栽培马铃薯

表3-18　甘肃定西粉垄栽培马铃薯农艺性状及产量（不施肥）

处理	产量/（kg/亩）	与粉垄产量对比/%	商品率/%	与粉垄商品率对比/%
粉垄	1511.72		81.72	
机械深松	1300.29	−16.26	64.13	−27.43
机械旋耕	1194.58	−26.55	58.42	−39.88
传统犁耕	1173.43	−28.83	56.67	−44.20

注：数据由甘肃省农业科学院旱地农业研究所提供

三、河北粉垄零基础肥力玉米、小麦产量

2016～2017年，中国科学院农业资源研究中心在河北石家庄栾城进行了粉垄不施肥试验。结果显示，在当季和第2季、第3季玉米或小麦分别增产19.4%、38.2%、18.4%（表3-19、图3-16）。

表3-19　河北粉垄零施肥作物产量比较

处理	对照产量/（kg/亩）	粉垄产量/（kg/亩）	增产量/（kg/亩）	增产率/%
2016年夏玉米（粉垄当季）	503.6	601.1	97.5	19.4
2016～2017年冬小麦（粉垄第2季）	424.9	587.2	162.3	38.2
2017年夏玉米（粉垄第3季）	524.1	620.5	96.4	18.4

注：数据由中国科学院农业资源研究中心提供

图3-16　粉垄小麦不施氮肥田间图

第四节　粉垄作物不增加施肥量和灌溉用水量的增产特点

粉垄通过深耕深松，土壤耕作层加深1～2倍；土壤保水量增加1倍；土壤速效养分含量增加10%～30%；盐碱地土壤降盐20%～40%；作物根系增加30%以上、生物量增加20%～30%；作物光合效率提高5%～30%；粉垄这些独具的特点让农作物在常规栽培管理中不增加化肥和农药施用量、灌溉用水量，或是适当减施肥料，亦能达到增加产量的效果。

一、粉垄作物不增施肥料和灌溉用水量的增产特点

自2008年至今，粉垄技术在全国28个省份的50种作物上应用，不增施化肥

和农药、灌溉用水量，经专家测产验收，增产10%～50%。其中：水稻，7个点平均亩增94.74kg，增产18.65%；玉米，7个点平均亩增130.43kg，增幅为20.54%；小麦，3个点平均亩增126.90kg，增产31.42%；谷子，1个点亩增103.97kg，增产36.5%；马铃薯，6个点平均亩增883.31kg，增产36.25%；甘蔗5个点平均每亩增产1566.86kg，增产28.57%。例如，河北沽源县粉垄种植马铃薯2016年、2017年分别亩增1148kg、增产34.4%和亩增1652.72kg、增产52.95%；广西宾阳在无灌溉的雨养条件下，粉垄甘蔗亩产9666.7kg，比对照（6628.9kg/亩）增产3037.8kg，增产45.83%；陕西省佳县粉垄玉米平均亩产696kg，比对照每亩增产203kg，增产41.18%。中国科学院南京土壤研究所试验显示，粉垄红薯平均增产100%左右。表3-20为部分作物增产情况。

表3-20 各地粉垄作物增产情况（部分）

作物	地点	每亩增产/kg	增产率/%	作物	地点	每亩增产/kg	增产率/%
水稻	广西北流	123.0	22.40	小麦	河南温县	131.0	30.13
	广西北流	80.0	16.13	马铃薯	甘肃定西	305.7	35.40
	海南三亚	44.1	6.73		广西北流	524.6	31.10
	广西南宁	93.4	20.36	甘蔗	广西宾阳	1020.0	27.35
	湖南隆回	66.8	10.17		广西武鸣	1022.2	27.35
	湖南沅江	63.0	15.00		广西宾阳	1311.2	34.00
	广西北流	126.1	25.51		广西龙州	2271.0	33.81
玉米	广西宾阳	111.8	25.60		广西龙州	1272.1	29.51
	辽宁昌图	137.2	20.80	花生	广西宾阳	63.6	13.78
	宁夏银川	120.2	12.12		宁夏银川	54.0	18.80
	广西贵港	77.8	16.19		河南温县	78.2	21.42
	内蒙古赤峰	184.9	30.14	大豆	广西宾阳	59.1	10.00
	内蒙古通辽	119.5	15.04	木薯	广西宾阳	322.0	16.22
	吉林德惠	98.5	13.20		广西武鸣	833.8	37.75
小麦	河南潢川	69.4	26.25	甘薯	宁夏银川	567.0	32.50
	河北吴桥	117.4	31.30				

在华北平原地区的河北盐山县，2017年粉垄无灌溉种植的冬小麦增产26.7%，比传统耕作每亩节水370.9m³，2018年第二茬夏玉米零灌溉亩增62kg、增产10.47%（图3-17）。

图3-17 河北盐山粉垄无灌溉栽培冬小麦

二、粉垄作物减施化肥的增产特点

2016年上半年，广西农业科学院粉垄课题组在广西南宁市西乡塘区坛洛镇同富村进行了粉垄水稻减施化肥试验（图3-18），试验以常耕零施化肥（CK0）和常耕常规全量施用化肥（CK1）为对照，设置以粉垄常规全量施用化肥为基数的6种减施化肥处理：粉垄零施肥（A0）、粉垄常规全量施用化肥（A1）、粉垄减施化肥10%（A2）、粉垄减施化肥20%（A3）、粉垄减施化肥30%（A4）、粉垄减施化肥40%（A5）。粉垄耕作深度28cm，对照耕作深度15cm。试验的常规全量施用化肥水平：225.0kg N/hm^2、112.5kg P_2O_5/hm^2、270.0kg K_2O/hm^2。除施肥外所有的田间管理措施一致。

图3-18 广西南宁粉垄水稻减施化肥试验

由表3-21可知，粉垄减施化肥20%处理（A3）产量最高，为6366.0kg/hm^2，比A1、CK1分别增加97.5kg/hm^2、349.5kg/hm^2，增幅分别为1.56%、5.81%，差异不显著。A1比CK1增加252.0kg/hm^2，增幅为4.19%；A0比CK0增加292.5kg/hm^2，增幅为7.98%；差异均不显著（甘秀芹等，2017）。

表3-21 不同粉垄栽培施肥量处理的产量与产量性状

处理	有效穗数/（万穗/hm^2）	穗长/cm	穗粒数	结实率/%	千粒重/g	实际产量/（kg/hm^2）
CK1	262.5abA	24.7aA	174.1abA	80.1aA	25.17aA	6016.5aAB
A1	292.5aA	24.3aAB	171.3abA	73.5abAB	24.66bcAB	6268.5aA
A2	279.0abA	25.0aA	177.6aA	80.0aA	24.77bcAB	6159.0aA
A3	250.5abAB	24.2aAB	170.8abA	80.6aA	25.11abAB	6366.0aA
A4	240.0bAB	24.9aA	174.2abA	77.2abA	24.92abcAB	5637.0abAB
A5	238.5bAB	24.5aA	174.3abA	73.6bAB	24.55cB	4936.5bBC
A0	180.0cBC	22.2bB	144.1bA	64.8cB	23.48dC	3960.0cCD
CK0	144.0cC	23.5abAB	169.2abA	75.2abA	23.42dC	3667.5cD

上述结果表明，粉垄稻田减施化肥20%水稻产量最高；产量结合经济性、生态性分析，投入产出比最佳的是粉垄减施化肥40%。

2018年3月至2019年1月广西农业科学院粉垄课题组在广西隆安县进行了木薯粉垄减肥栽培试验。设置常规耕作（R）和粉垄耕作（FL）2种耕作方式；施肥量设置全量施肥（根据广西木薯生产中常规施肥量设定，100%）、减施肥料10%（90%）、减施肥料30%（70%）、减施肥料50%（50%）和不施肥（即零施肥，0%）。以常规耕作全量施肥为对照（CK）。

由图3-19A可见，在同等施肥水平处理下，当施肥量为50%、0%时，粉垄耕作的薯长显著长于常规耕作。由图3-19B可见，在同等施肥水平处理下，当施肥量为70%、50%、0%时，粉垄耕作显著增加了木薯的薯径（申章佑等，2022）。

由图3-20可知，在相同施肥水平处理下，当施肥量为90%、70%、50%、0%时，粉垄耕作显著地增加了木薯的鲜薯产量，增产幅度分别为11.86%、34.01%、28.65%、32.12%；当施肥量为100%时，粉垄耕作与常规耕作的鲜薯产量差异不显著。两种耕作方式下不同施肥水平之间比较，FL90%的鲜薯产量最高，为33 105kg/hm^2，R0%的产量最低，为14 805kg/hm^2；与CK（30 690kg/hm^2）相比，R70%、R50%、R0%、FL50%、FL0%处理显著降低了鲜薯产量，降低幅度分别为25.83%、38.90%、107.29%、7.97%、56.90%；与CK相比，FL100%、FL90%、FL70%、FL50%处理的鲜薯产量差异不显著。由此表明，两种耕作方式之间，施肥水平对粉垄耕作的影响小于常规耕作，粉垄耕作下减施肥料30%可以保证木薯的鲜薯产量（申章佑等，2022）。

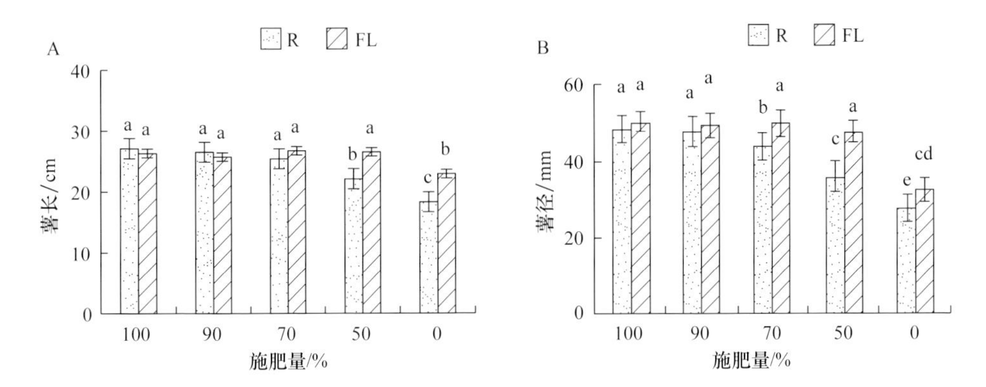

图3-19　两种耕作方式下不同施肥量的薯长和薯径

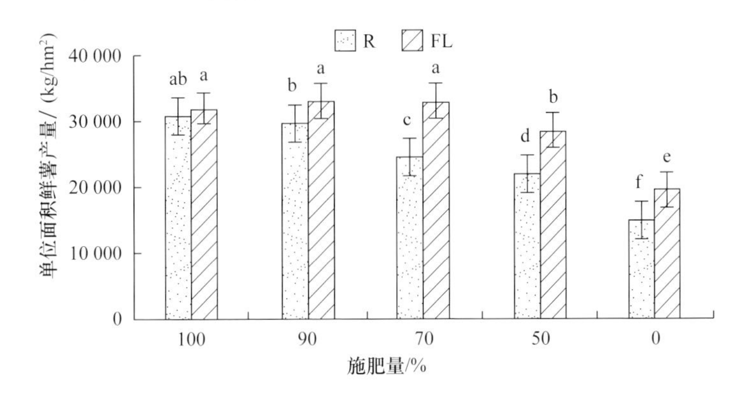

图3-20　两种耕作方式下不同施肥量的木薯块根产量（鲜重）

2019年3～8月，西藏山南市农业技术推广中心在山南市乃东区克麦村进行了青稞粉垄减肥栽培试验，粉垄青稞（‘山青9号’）的基肥和追肥施用量分别比对照减少30%和85%。表3-22表明，与对照相比，粉垄减肥青稞的出苗率提高了15.83%，播种后第50天的基本苗数增加了34.63%，且单位面积生物量（鲜重）增加了48.54%；粉垄青稞的抽穗期和成熟期分别提早了7d和9d，单位面积有效穗数和穗粒数分别提高了35.28%和9.60%，最终实际产量增加了4.92%。这些结果表明粉垄减肥栽培不但不会造成青稞减产，反而有利于提高青稞产量；粉垄栽培是实现春青稞早熟稳产的有效途径（胡朝霞等，2020）。

表3-22　粉垄减肥栽培下‘山青9号’性状与产量

处理	抽穗期（月/日）	成熟期（月/日）	株高/cm	有效穗数/（穗/m²）	千粒重/g	实际产量/（kg/m²）
粉垄	6/25	7/30	89.9	441	45.1	0.64
对照	7/2	8/8	101.5	326	45.6	0.61

第五节　粉垄持续多年作物的增产特点

粉垄耕作时钻头可垂直入土30～60cm，高速旋磨切割粉碎土壤，土壤耕作层加深1～2倍，并且土壤呈颗粒状、团粒结构表面光滑、孔隙度大，在3～5年持续保持耕作层的相对深松状态。因此，粉垄的优势得以多年保持，在种植作物上表现出粉垄一次持续增产多年的效果。

一、南方地区粉垄持续多年作物增产增收

在广西北流市民安镇兴上村，2011年早稻稻田粉垄深度22cm，之后不再粉垄而是常规旋耕。第3年第6季水稻粉垄比对照亩增122.2kg、增幅为22.65%；第7年第13季粉垄稻田耕作层22cm，对照为15cm，增厚46.7%，水稻亩增15.6kg、增幅为3.2%（表3-23、图3-21）。

表3-23　水稻粉垄多季产量、效益情况表

种植季	产量/（kg/亩）		产值/（元/亩）		净效益对比/（元/亩）		
	粉垄	对照	粉垄	对照	粉垄	对照	比对照增加量
1	682.5	551.0	1814.4	1482.3	936.1	714.0	222.1
2	614.3	562.3	1658.6	1518.2	980.3	749.9	230.4
3	505.9	464.6	1365.8	1254.4	597.5	486.1	111.4
4	549.3	522.0	1483.1	1409.4	714.8	641.1	73.7
5	578.5	549.5	1562.0	1483.7	826.5	748.2	78.3
6	661.7	539.5	1732.2	1462.5	996.7	727.0	269.7
13	501.6	486.0	1354.3	1312.2	618.8	576.7	42.1
7季合计	4093.8	3674.9	10970.4	9922.7	5670.7	4643.0	1027.7
平均每季	584.8	525.0	1567.2	1417.5	810.1	663.3	146.8
粉垄比对照增加比例	11.40%		10.56%		22.13%		

注：数据来自北流市民安镇粉垄稻田定点观测结果

2017年5～10月，在湖南沅江市草尾镇上码头村进行了粉垄直播水稻示范100亩、常规抛栽水稻示范100亩，水稻品种为‘丰两优香1号’。水稻成熟时全部实行机收、机运、机烘，烘干后地磅过秤，经专家验证，结果为粉垄平均亩产干谷821.6kg，对照为649.3kg，粉垄比对照亩增产172.3kg，增幅为26.54%（图3-22）。

图3-21　广西北流粉垄后第13季水稻

图3-22　湖南沅江2017年粉垄水稻栽培第1年

湖南沅江2017年5月粉垄耕作，至2020年是粉垄后第4年，此片稻田继续进行水稻直播栽培，8月15日经专家测产，粉垄平均亩产干谷644kg，对照为574kg，粉垄比对照亩增产70kg，增幅为12.2%。

广西农业科学院院部展示区粉垄第3年甘蔗测产结果显示，粉垄比对照增产0.99t/亩，增幅为12.1%（表3-24、图3-23）。

表3-24　2017年广西农业科学院院部展示区粉垄第3年甘蔗测产结果

处理	产量/（t/亩）	有效茎数/（条/亩）	株高/cm	茎粗/cm	绿叶数/（片/株）	绿叶重/（kg/株）
粉垄	9.16	7615	326	2.89	13.5	5.90
对照	8.17	7344	291	2.76	12.6	5.29
粉垄比对照增加量	0.99	271	35	0.13	0.9	0.61
粉垄比对照增加比例	12.1%	3.7%	12.0%	4.7%	7.1%	11.5%

图3-23　广西南宁粉垄后第3年甘蔗收获时叶片和甘蔗

中国科学院南京土壤研究所在江西省鹰潭市余江区粉垄后，第一茬红薯的产量比对照增产104%，第二茬木薯产量仍比对照大幅增产（图3-24）。

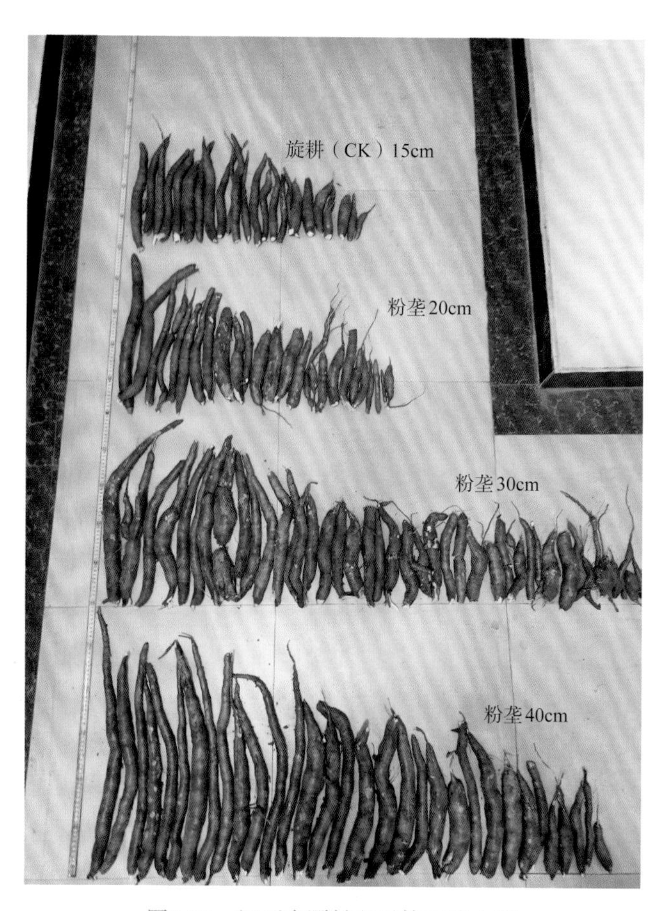

图3-24　江西鹰潭粉垄后第二茬木薯

二、黄淮海地区粉垄持续多年作物增产增收

中国农业科学院农业资源与农业区划研究所逄焕成团队于2011年在河北吴桥县粉垄耕作一次，第2年第3季玉米最高亩增产254.65kg、增幅为38.19%；2014年第4年仍增产32%（图3-25）。

图3-25　河北吴桥粉垄后第4年小麦

安徽涡阳县砂姜黑土粉垄后，第一茬小麦当年的产量比对照增产13.1%；第二茬小麦增产25.6%（图3-26）；第三茬大豆亩产164.3kg，比对照增产11.8%（表3-25、图3-27）。

表3-25　安徽涡阳粉垄不同茬数对作物产量的影响　（单位：kg/亩）

处理	第一茬（小麦）	第二茬（小麦）	第三茬（大豆）
粉垄	654.0	643.3	164.3
对照	578.5	512.0	146.9
粉垄比对照增加比例	13.1%	25.6%	11.8%

2017年，河南兰考县盐碱地在深翻后进行粉垄耕作，当年种植的小麦亩产607.9kg，比对照（盐碱地深翻后旋耕）562.24kg/亩增加45.66kg/亩、增产8.1%；2019年，第4年小麦亩产619.5kg，比对照（耕地深翻后旋耕）557.9kg/亩增加61.6kg/亩、增产11.04%；2019年，盐碱地在深翻后粉垄一次的第4年秋种玉米，亩产790.8kg，比对照（盐碱地深翻后旋耕）增加97.7kg/亩、增幅为14.1%；2019年，耕地在深翻后粉垄一次的第4年秋种玉米，亩产821.6kg，比对照（盐碱地深翻后旋耕）增加128.5kg/亩、增幅为18.5%（图3-28、图3-29）。

图3-26　安徽涡阳粉垄第二茬小麦

图3-27　安徽涡阳粉垄第三茬大豆

图3-28　河南兰考粉垄第一茬小麦

图3-29 河南兰考粉垄第4年种植小麦

2018年，河北盐山县旱地粉垄40cm，2019年小麦零灌溉全生育期节水300m^3左右，每亩有效穗数、穗粒数、亩产量较对照分别增加39.14%、12.96%、27.67%；2019年第二茬玉米零灌溉仍增产10.47%；2020年第4茬红薯增产20%；2021年第5茬小麦灌一水，较对照灌三水亩节水160m^3，亩增71.19kg、增幅为18%。

三、西北地区粉垄持续多年作物增产增收

2015年10月，在新疆尉犁县兴平乡哈拉红村东干渠用粉垄深耕深松机进行耕作，深度约40cm，面积200亩，对照（常耕）50亩。2016年9月，经现场测产，结果显示粉垄处理亩产籽棉380.3kg，比对照（常耕）255.6kg/亩，亩增124.7kg，增产率48.8%。2017年9月，粉垄第2年亩产籽棉500.83kg，比对照（常耕）383.18kg/亩，亩增117.65kg，增产率30.7%。2019年为粉垄处理一次后第4年，经中国农业科学院、中国科学院等单位的专家现场测产验收，粉垄棉花亩产籽棉412.43kg，比对照226.98kg/亩，亩增185.45kg，增产率81.7%。2020年粉垄处理一次后第5年，亩增180.9kg、增幅为36.4%（图3-30～图3-33）。

图3-30　新疆尉犁粉垄第1年棉花（左图，右图为对照）

图3-31　新疆尉犁粉垄第2年棉花

图3-32　新疆尉犁粉垄第4年棉花

图3-33　新疆尉犁粉垄第5年棉花（左图，右图为对照）

第六节　粉垄作物品质和效益

粉垄深耕深松，土壤松土量较传统耕作增多1～2倍，土壤容重降低，雨水下渗速率提高，土壤速效养分含量增加，作物根系数量增加，光合效率提高，耐高温低温，后期叶片光合作用持续，籽粒充实度好，有利于作物品质提升；同时由于单产提升和品质提升，与传统耕作相比其比较效益提升10%以上。

一、品质提升

2016年，南宁市粉垄水稻稻谷全硒（Se）、有效锌（Zn）元素含量分别比对照增加了78.14%和15.99%（表3-26）（周灵芝等，2017b）。

表3-26　2016年粉垄稻谷硒等营养元素含量比较

处理	全硒含量/（mg/kg）	有效锌含量/（mg/kg）
粉垄	0.0978	13.13
对照	0.0549	11.32
粉垄比对照增加比例	78.14%	15.99%

注：取样地点为广西南宁市坛洛镇

2017年，广西隆安县粉垄水稻稻谷垩白度比对照下降20.00%，蛋白质含量比对照增加9.86%（表3-27）。

表3-27　2017年粉垄稻谷稻米品质比较

处理	垩白度/%	蛋白质含量/%
粉垄	0.4	7.8
对照	0.5	7.1
粉垄比对照增加比例	−20.00%	9.86%

注：取样地点为广西隆安县那桐镇

2017年，广西宾阳县旱地粉垄雨养种植甘蔗亩产达9.6t，比对照（6.6t/亩）增产3t/亩，增幅达45.45%，粉垄蔗糖分增加量比对照提高1.55%（表3-28）。

表3-28 2017年宾阳县甘蔗品质比较

处理	甘蔗锤度/（°BX）	甘蔗视纯度/%	甘蔗蔗糖分/%	甘蔗重力纯度/%	甘蔗还原糖分/%	甘蔗纤维分/%
粉垄	16.22	88.08	14.37	88.58	0.24	11.94
对照	16.03	87.76	14.15	88.30	0.22	12.06
粉垄比对照增加比例	1.19%	0.36%	1.55%	0.32%	9.09%	−1.00%

2019年，广西隆安县粉垄耕作甘蔗的锤度、国标糖度、蔗汁糖分和甘蔗糖分，分别比常规耕作（对照）甘蔗显著提高9.0%、15.0%、14.5%和13.4%，而粉垄甘蔗的出汁率、纯度有所增高，但与常规耕作相比差异不显著（表3-29）（李素丽等，2020）。

表3-29 粉垄耕作下甘蔗的工艺品质

处理	出汁率/%	纯度/%	锤度/（°BX）	国标糖度/（°）	蔗汁糖分/%	甘蔗糖分/%
粉垄	75.6±0.2a	87.4±0.2a	18.1±0.2a	65.1±0.7a	15.8±0.3a	13.49±0.2a
对照	75.4±1.2a	83.1±1.6a	16.6±0.5b	56.6±2.8b	13.8±1.1b	11.90±0.5b
粉垄比对照增加比例	0.3%	5.2%	9.0%	15.0%	14.5%	13.4%

注：同一列不同小写字母表示在5%水平差异显著

农产品“化学农业”程度降低。中国农业科学院、广西农业科学院等粉垄种植水稻、玉米、小麦等，每产出100kg粮食，化肥用量减少0.35～4.29kg、减幅10.81%～30.99%（韦本辉和张晗，2016）。

二、效益提高

2011～2017年，在广西北流市民安镇兴上村进行了定点试验（表3-23），粉垄水稻7季平均每季每亩增产59.8kg、增幅为11.4%，净效益平均每季增加22.13%。

2016年上半年，广西农业科学院粉垄课题组在广西南宁市西乡塘区坛洛镇同富村进行了粉垄水稻减施化肥试验，试验以常耕零施化肥（CK0）和常耕常规全量施用化肥（CK1）为对照，设置以粉垄常规全量施用化肥为基数的6种减施化肥处理：粉垄零施肥（A0）、粉垄常规全量施用化肥（A1）、粉垄减施化肥10%（A2）、粉垄减施化肥20%（A3）、粉垄减施化肥30%（A4）、粉垄减施化肥40%（A5）。

从表3-30可知，经济效益以A3（减施化肥20%）最好，为11 355.0元/hm^2，比A1、CK1分别增多1215.0元/hm²、1821.0元/hm²，增幅分别为12.0%、19.1%。产投比以A5（减40%）最高，为4.03，其余依次是A4＞A3＞A2＞A1＞CK1。

表3-30　不同施肥条件下水稻效益的比较

处理	产量/（kg/hm²）	产值/（元/hm²）	肥料成本/（元/hm²）	经济效益/（元/hm²）	产投比
CK1	6 016.5	14 439.0	4 905.0	9 534.0	2.94
A1	6 268.5	15 045.0	4 905.0	10 140.0	3.07
A2	6 159.0	14 781.0	4 414.5	10 366.5	3.35
A3	6 366.0	15 279.0	3 9240.	11 355.0	3.89
A4	5 637.0	13 528.5	3 433.5	10 095.0	3.94
A5	4 936.5	11 847.0	2 943.0	8 904.0	4.03
A0	3 960.0	9 504.0		9 504.0	
CK0	3 667.5	8 802.0		8 802.0	

注：稻谷以2.4元/kg计，其他成本未计

零施肥时，粉垄水稻的产量和经济效益分别比常耕零施肥增加292.5kg/hm²和702.0元/hm²，增幅均为7.98%（甘秀芹等，2017）。

甘肃定西市粉垄马铃薯的第一年每亩纯收入891.86元，比对照增收263.48元、增幅为41.93%；三年合计增收639.07元、增幅为23.14%。在甘肃定西市安定区团结镇小山村，粉垄马铃薯平均亩产2754.7kg、商品率为74.66%、亩增收978.7元，比对照依次增加33.15%、80.12%、52.8%，增效15%以上。

湖南沅江市粉垄种植早稻、晚稻，粉垄双季稻净效益比传统栽培增加21.33%。

第四章 粉垄农业与生态环境

第一节 粉垄土壤气体排放和田间空气湿度特点

据资料显示，中国农业活动的温室气体排放量占比10%以上；在农业活动的温室气体排放量中，水稻种植占比最大，为45%以上。

粉垄技术通过深耕深松，有效改善了土壤生态环境，减少肥料施用量亦能促进生物产量增加。试验表明，粉垄可改变农田温室气体排放量；在西北干旱地区应用粉垄技术栽培作物，可以提高空气湿度。所以，在中国适宜区大面积推广粉垄技术，对全国的整体生态气候将起到良好的促进作用，有助于我们建设“天蓝、地绿、水清”的“美丽中国”。

一、气体排放减少

2017～2018年，广西农业科学院经济作物研究所在广西隆安县那桐镇大滕村进行粉垄水稻土壤气体排放监测试验。采用密闭静态箱的方法进行气体采集，利用气相色谱进行分析。结果表明，粉垄耕作的稻田甲烷等气体减排10%以上（表4-1、图4-1、图4-2）。

表4-1 稻田气体排放通量初步测定

处理	CH_4排放量/［mg/(m²·h)］	CO_2排放量/［g/(m²·h)］	N_2O排放量/［mg/(m²·h)］
传统	4.7041	38.8599	18.3063
粉垄	3.5903	35.0582	16.3575
粉垄比传统减少比例	23.68%	9.78%	10.65%

2019年，在广西农业科学院里建科学研究基地进行粉垄耕作减施氮肥试验。试验设置粉垄耕作和常规耕作2种耕作方式；4个施氮水平分别为100%N（木薯常规施肥量）、50%N（氮肥较常规施肥量减少50%，磷、钾肥不变）、25%N（氮肥

较常规施肥量减少75%，磷、钾肥不变）和0%N（不施氮肥，磷、钾肥不变）。试验结果表明，常规耕作100%N处理下土壤的CO_2累积排放量显著高于粉垄耕作；粉垄耕作100%N、50%N、25%N和0%N处理的土壤固碳量分别为1.95kg/(hm^2·a)、1.43kg/(hm^2·a)、1.77kg/(hm^2·a)和1.32kg/(hm^2·a)，均高于相应的常规耕作施肥水平［分别为1.09kg/(hm^2·a)、1.40kg/(hm^2·a)、1.19kg/(hm^2·a)和1.05kg/(hm^2·a)］（杨慰贤等，2021）。

图4-1　粉垄水稻田间气体排放测定

图4-2　粉垄旱地气体排放测定

二、空气湿度增加

在甘肃定西市对粉垄马铃薯进行地面空气湿度测定。连续干旱23d，田间空气湿度提高28.3%～62.5%；连续干旱51d，田间空气湿度提高19.6%～56.7%（表4-2），表明在粉垄“耕地水库”中的土壤含水量大和地面作物生物量大的情况下，虽然处于干旱蒸发环境，地面空气湿度在一定程度上仍然得到提升，空气湿度增加又利于地面植被生长和生态环境改善。

表4-2 连续干旱条件下粉垄种植马铃薯的田间空气湿度

处理	连续干旱23d				连续干旱51d			
	08:00空气湿度/%	增幅/%	14:00空气湿度/%	增幅/%	08:00空气湿度/%	增幅/%	14:00空气湿度/%	增幅/%
传统	53		32		46		30	
粉垄	68	28.30	52	62.50	55	19.57	47	56.67

第二节 粉垄抵御低温灾害的特点

粉垄耕作后，耕作层疏松深厚，作物根系发达、深扎，有利于作物在一定程度上抵御低温、干旱等自然灾害。据测定，0～20cm的土壤温度与空气温度有联系，20～60cm土层的温度与空气温度变化的关联度减弱。因此，粉垄耕作作物根系深扎可以减弱干旱、高温、低温等不良气候对作物的伤害，从而保证作物的高产、稳产。

此外，粉垄耕作建立了良好的土壤水库和土壤营养库，土壤中的营养能够均衡供给作物，尤其是苗期至成熟期水肥均处于“均衡供给”状态，植株健壮、生物量增加、生长后劲足、库源关系协调，抵御低温、干旱、高温等的能力提高。

一、粉垄对南方地区低温的影响特点

2011年1～3月，广西甘蔗经受了40d间歇性低温影响，经测定，粉垄栽培的甘蔗株高、茎长、产量分别比传统耕作增加54.00%、62.42%、191.31%（表4-3）。

表4-3　粉垄栽培甘蔗长时间间歇性低温前后的产量

处理	株高/cm			茎长/cm			产量/（kg/亩）		
	1月20日	3月2日	比1月增加量	1月20日	3月2日	比1月增加量	1月20日	3月2日	比1月增加量
粉垄	211.5	234.6	23.1	179.2	204.7	25.5	5852.1	6083.4	231.3
对照	195.7	210.7	15	163.3	179	15.7	4800.2	4879.6	79.4
粉垄比对照增加量			8.1			9.8			151.9
粉垄比对照增加比例			54.00%			62.42%			191.31%

注：调查时间为2011年1月20日至3月2日，地点为广西南宁市武鸣区

2011年12月至2012年1月，广西宾阳3～15℃持续低温38d，经对粉垄种植的甘蔗叶片数及其相关生理指标进行测定，发现粉垄甘蔗完全展开绿叶数、不完全展开绿叶数、绿叶重分别比传统耕作栽培增加32.52%、14.54%、33.56%，叶绿素含量增加14.69%，丙二醛（MAD）含量降低23.88%（表4-4、表4-5）。

表4-4　粉垄栽培甘蔗在干旱低温时期的植株性状

处理	条数/（条/亩）	单茎重/kg	绿叶数		绿叶重/（kg/株）
			完全展开绿叶	不完全展开绿叶	
粉垄	5011	1.76	7.05	3.23	0.394
对照	3763	1.39	5.32	2.82	0.295
粉垄比对照增加量	1248	0.37	1.73	0.41	0.099
粉垄比对照增加比例	33.17%	26.62%	32.52%	14.54%	33.56%

注：品种为‘粤糖00-236’

表4-5　粉垄栽培甘蔗在干旱低温时期的叶绿素和丙二醛含量

处理	叶绿素含量/（mg/g）	丙二醛含量/[mmol/g FW]
粉垄	0.726	10.491
对照	0.633	13.782
粉垄比对照增加比例	14.69%	−23.88%

二、粉垄对北方地区低温的影响特点

2011年，中国农业科学院在辽宁昌图县进行不同耕作方式对东北棕壤物理性状影响的试验。结果发现，耕作方式对土壤温度有明显影响。在苗期、拔节

期、成熟期，粉垄处理的土壤温度高于旋耕和深松耕处理，呈现粉垄50cm＞粉垄30cm＞深松耕30cm＞旋耕15cm的趋势；在灌浆期，粉垄处理的土壤温度低于旋耕和深松耕处理，处理间变化趋势不明显。总的来看，粉垄作业后的土壤疏松且孔隙度较大，对土壤有一定的增温效果，增温为0.5～1.0℃（表4-6）（李华等，2013）。

表4-6　不同耕作处理对土壤增温效果的影响　（单位：℃）

处理	苗期			拔节期			灌浆期			成熟期		
	5cm	15cm	25cm	5cm	15cm	25cm	5cm	15cm	25cm	5cm	15cm	25cm
旋耕15cm	0	0	0	0	0	0	0	0	0	0	0	0
深松耕30cm	0.5	−0.5	0.0	0.5	0.5	0.0	1.0	1.0	−0.5	0.5	−1.0	0.5
粉垄30cm	0.6	0.5	−0.5	1.0	0.0	−0.5	−2.0	−1.0	−0.5	1.0	0.0	0.6
粉垄50cm	1.0	0.5	0.0	1.0	0.5	−0.5	−2.0	−2.0	−0.5	1.0	0.9	0.6

第三节　粉垄对干旱的影响

粉垄耕作技术具有构建耕地"土壤水库"之效，适于流域性河流地区的大面积推广应用，部分雨水将被有效地贮藏起来，一方面供作物生长发育所需，干旱时起到缓解旱情的作用（图4-3）；另一方面大面积采用粉垄耕作技术，降雨后部分雨水被就地拦蓄，减少了径流，减轻了洪涝灾害（吕军峰等，2013）。

图4-3　内蒙古赤峰干旱之年粉垄玉米（左）与对照（右）的表现

在对土壤水分变化连续监测后发现，粉垄耕作相较于免耕的优势更主要地在于少雨时期其保持土壤水分的能力提高，粉垄耕作可以提高土壤耕作层的水分含量，缓解干旱缺水地区的农业用水压力（陈晓冰等，2019b）。

2019年9～12月，广西全区96个地区发生干旱，其中重旱地区11个、中旱地区53个、轻旱地区32个。其中，甘蔗主产区来宾、南宁、崇左、柳州属于中、重旱区，特别是进入11～12月，平均降雨量仅17.8mm，较常年同期减少7成，其中贺州、桂林、来宾、南宁及桂东南部分地区减少9成以上。在南宁市隆安县大面积种植的粉垄甘蔗，在干旱条件下比对照增产55%～65%（表4-7、图4-4）。

表4-7 干旱下粉垄甘蔗产量情况

品种	面积/亩	粉垄甘蔗产量/（t/亩）	对照甘蔗产量/（t/亩）	粉垄比对照增加量/（t/亩）	增产率/%
中蔗9号	200	10.76	6.62	4.14	62.54
柳城05-136	1450	5.05	3.2	1.85	57.81

测产地点：南宁市隆安县那桐镇

图4-4 广西隆安干旱之年粉垄（右）甘蔗表现

第五章 粉垄农业技术体系

第一节 粉垄农业技术体系的内涵

由“粉垄农机＋粉垄耕作＋粉垄栽培”形成的粉垄农业技术体系，完全有别于现行农业生产技术体系。

该体系中粉垄农机装备由钻头代替传统农业的犁头，粉垄耕作方式由不乱土层的全层耕代替传统的犁耙翻耕，粉垄栽培方法由雨养农业或节水农业或生态节肥农业代替传统水利灌溉、高水高肥农业。

粉垄农业技术体系的耕作特点鲜明，超深耕深松不乱土层、一次完成整地任务（图5-1）；耕作后土壤理化性状发生明显改善，土壤呈颗粒状、团粒结构表面光滑，容重降低，孔隙度大，土壤疏松度可多年相对保持；粉垄构建的土壤生态环境所释放的肥水在农作物生长期内得以均衡供给；粉垄对农作物生长发育产生良好的综合效应，表现为根系特别发达，植株健壮，生理代谢旺盛，从生育期上表现为前期长根、中期发力、后劲十足。

图5-1　粉垄耕作与传统拖拉机耕作对比

粉垄农业技术的本质是活化利用各种自然资源，是“以自然为王”让农业更多地发挥物理增产功能，换句话说就是减少部分化肥、农药和灌溉用水量能使农作物得到合理增产的技术。

粉垄农业技术的主要功能是遵循自然、回归自然，既可活化利用现有耕地犁底层以下土壤资源，又可改造利用现有的轻度、中度、重度类型盐碱地；既可倍数储存、增用天然降水，又可大幅度提高光合效率；既可满足各种农作物生长发育对土、水、气、温、光等自然资源的倍数或大幅增加利用，又可以自然之力减轻部分旱涝灾害。因此，粉垄农业技术涉及自然资源、农业、林业、水利、草原、气候、生态、人口及经济社会的各个领域，可建立起人与自然和谐绿色发展的平台。因此，粉垄技术可成为粉垄农业多领域的“共性关键核心技术”与“牛鼻子技术”，它的全面应用将可“牵一发而动全身”，带动方方面面产生“正能量”效应。

粉垄农业技术具有使作物根系发达，净光合速率提高5%～30%，零施肥作物自然增产10%，零增肥水作物增产10%～50%，持续多年增产5%以上，品质提高5%以上，洪涝和干旱灾害减轻、空气湿度提升、固碳减排等多因素促进生态环境改善等共性技术原理。

第二节　稻田粉垄农业技术体系

稻田粉垄农业技术体系包括稻田耕作技术和水稻粉垄回水软土、干土抛秧回水、稻种直播和全耕层、底耕等技术，以及相应的粉垄耕作原田水土肥不外流、节肥节水、水土不流失的生态型栽培技术。

稻田干水全层耕作。在稻田干田时（一般为冬季或开春时），利用配置有钻头的粉垄耕作机械进行粉垄耕作，粉垄耕作深度22～25cm，粉垄耕作后松土层深度可达28～30cm。

稻田有水全耕层耕作。2020年新发明的立式空心钻头粉垄机，在稻田有水层的情况下亦能进行粉垄作业。

稻田粉垄耕作。在粉垄耕作前可将化学肥料或有机肥均匀撒放在地面上，让其随粉垄机的钻头混入松土中，避免肥料外流以提高肥料利用率。

一、粉垄全层耕回水软土栽培技术

稻田粉垄全层耕，即土壤的整个耕作层全部进行粉垄耕作。在天气、农时适合时进行粉垄全层耕，在准备种植水稻时如果粉垄后的田面上长有杂草，宜在移栽水稻前5～7d，选用触杀型化学除草剂进行化学除草。

该技术关键点包括以下几个方面。

1）在水稻移栽前2～3d放水入田回水软土，在稻田上直接机械插秧或人工抛秧，在水稻移栽后10～15d保持浅水层（2～3cm）以促进其长根和分蘖。当水稻的总苗数达到预计穗数的70%时，采取露田晒田；粉垄耕作比常规耕作提前5d晒田控苗。水稻粉垄耕作深度比传统增厚1倍左右，土壤水分持有量高，因此水稻生长的中后期视水稻长势可以少灌溉或不用灌溉。

2）在施用适用于传统耕作的施肥水平时，粉垄水稻往往会表现出叶片徒长、贪青的现象。研究表明，粉垄栽培水稻比传统耕作减少施肥量10%～20%，亦能达到增产或平产的效果，因此粉垄栽培水稻可以适量减少肥料施用量。

其他田间管理措施可参考传统耕作栽培管理方法。

2011年，广西北流市兴上村粉垄水稻亩产672.0kg，比对照亩增产123.0kg、增幅为22.4%。2013年，广西农业科学院本部粉垄水稻亩产551.99kg，比对照亩增产93.37kg、增幅为20.36%。2014年，湖南隆回县羊古坳镇粉垄水稻亩产723.65kg，比对照亩增产66.83kg、增幅为10.17%。2017年，广西玉林市养心村粉垄水稻亩产625.1kg，比对照亩增产31.9kg、增幅为5.38%（图5-2）。

图5-2　广西玉林粉垄水稻回水软土栽培

二、粉垄全层耕干田抛秧回水栽培技术

干田粉垄后，可直接在田面抛秧之后再回水软土，几天后可使秧苗直立，在氧气充足条件下根系活力增强，长出的新根呈白色，这种粉垄干土抛秧回水栽培法称为粉垄干田抛秧回水栽培技术。

粉垄干田抛秧回水栽培技术是粉垄过的稻田在干田状态下，按照粉垄基肥施用量施足基肥，采用人工或机械直接抛秧（摆秧）。该技术属于环保型技术，“穿鞋种稻”，极大地减轻了劳动者的劳动强度，而且水肥土不外流，减少了对环境的污染；且减少10%以上肥料仍能增产（广西北流市水稻增产20%以上）。

该技术关键点包括以下几个方面。

1）干田抛秧后应在4h之内回水灌溉，最迟不宜超过6h（尤其是太阳强烈的高温天气）；10d内田间保持水层深度1～3cm以利于立苗返青；抛秧后前几天注意观察水层，水层过低要及时补充灌溉；浅水分蘖，当水稻的总苗数达到预计穗数的70%时，采取露田晒田。粉垄耕作比常规耕作提前5d晒田控苗。水稻粉垄耕作深度比传统增厚1倍左右，土壤水分持有量高，因此水稻生长的中后期视水稻长势可以少灌溉或不用灌溉。

2）在施用适用于传统耕作的施肥水平时，粉垄水稻往往会表现出叶片徒长、贪青的现象。研究表明，粉垄栽培水稻比传统耕作减少施肥量10%～20%，亦能达到增产或平产的效果，因此粉垄栽培水稻可以适量减少肥料施用量。

其他田间管理措施可参考传统耕作栽培管理方法。

2015年，首次在广西北流市实施粉垄干田抛秧回水栽培，经中国农业科学院和广东、湖南、广西等的专家现场验收测产，亩产稻谷620.23kg，比对照亩增产126.07kg、增幅为25.51%。2018年，广西隆安县粉垄干土田抛秧回水栽培，亩产稻谷504.7kg，比对照亩增产47.5kg、增幅为10.4%（图5-3～图5-5）。

图5-3 广西隆安粉垄水稻干田抛秧

图5-4 广西隆安粉垄水稻干田抛秧后回水

图5-5 广西隆安粉垄干田抛秧长势

三、粉垄全层耕再生稻栽培技术

再生稻具有一种两收、生育期短的特点，有省种、省工、省时、省水、省肥等优点。

粉垄全层耕再生稻栽培技术由于稻田耕作层加深1倍左右，前茬稻桩健壮、根系发达，为再生稻栽培提供了良好的基础。

粉垄全层耕再生稻栽培技术简便，容易操作；再生稻种植是一种资源节约型、生态环保高效型的稻作制度。粉垄水稻具有根强、茎壮、后劲足等优点，发展再生稻具有其独特优势。

（一）粉垄当季再生稻（第2季）

2011年，在广西玉林市福绵区，干田粉垄耕作深度22cm，早稻回水抛秧收获后进行首次粉垄再生稻栽培试验。

试验设置留桩20cm和30cm两个处理，其田间管理与传统耕作再生稻相同。经专家测产结果显示，留桩20cm再生稻平均亩产干谷290.5kg，留桩30cm再生稻平均亩产干谷304.1kg，后者比前者亩增13.6kg、增幅为4.7%。

（二）粉垄第3季再生稻（第4季）

2012年，在广西玉林市福绵区2011年粉垄的水稻田进行轻耕后种植早稻，在早稻收割时留低茬进行再生稻试验。经调查，粉垄耕作后第3季的再生稻，理论亩产501.6kg，比常规栽培田（亩产342.6kg）亩增产159kg，增产率达到46.4%（图5-6）。

图5-6　广西玉林粉垄后第3季再生稻

四、粉垄稻田直播栽培技术

粉垄稻田直播栽培技术是指在水稻栽培过程中省去育秧和移栽作业，在大田里直接播种、培育水稻的技术。与移栽水稻相比，该技术具有省工、省力、省秧田、生育期短、高产高效等优点（图5-7～图5-9）。

图5-7　广西隆安粉垄直播（左）和对照（右）水稻根系

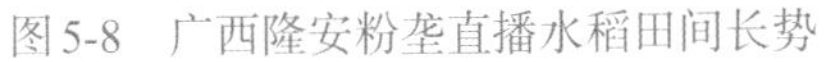

图5-8　广西隆安粉垄直播水稻田间长势

图5-9　广西南宁粉垄直播水稻

粉垄稻田直播更具优势，其栽培技术简单易行，而且产量不低，效益比较理想。

粉垄稻田直播栽培技术即在稻田干田时进行粉垄耕作，松土深度为25～30cm，按传统水稻直播方式进行种植的技术。在粉垄机整地前，可将化学肥料或有机肥均匀撒放在地面上，让其随粉垄机的钻头混入松土中，避免肥料外流以提高肥料利用率。

该技术关键点包括以下几个方面。

1）准备直播水稻时如果粉垄田面上长有杂草，宜在直播前5～7d，选用触杀型化学除草剂进行化学除草。在直播前2～3d，按每厢宽2.5～3.5m开好厢沟和边沟，平整田面，回水软化土壤，以土壤吸饱水分、厢沟有水而厢面上看不到水为宜。有条件的，可采用无人机进行直播，加强管理，效果更好。

2）水稻种子按常规浸种、催芽至露白0.5cm，将拌种剂与谷芽混匀后再播种，以驱避麻雀、老鼠等。直播方式有人工直播、半机械化直播、全机械化直播和无人机直播等。

3）水稻粉垄耕作深度比传统增厚1倍左右，土壤水分持有量高，如在华南地区春夏季降水丰富，因此直播水稻整个生长期视水稻长势可以少灌溉或不用灌溉。

其他田间管理措施可参考传统直播栽培管理方法。

2016年5～10月，湖南沅江市草尾镇上码头村进行粉垄直播水稻示范100亩，常规抛栽水稻100亩为对照，水稻品种为‘丰两优香1号’。水稻成熟时全部实行机收、机运、机烘，烘干后地磅过秤，经专家验证，结果为粉垄平均亩产干谷821.6kg，对照平均亩产干谷649.3kg，粉垄比对照亩增产172.3kg，增幅为26.54%。2020年此片稻田继续进行水稻直播栽培，8月15日经专家测产，粉垄平均亩产干谷644kg，对照平均亩产干谷574kg，粉垄比对照亩增产70kg，增幅为12.2%。

五、粉垄稻田底层耕（遁耕）栽培技术

粉垄稻田底耕栽培技术（又称“粉垄底层耕”或“粉垄遁耕”技术），是按照粉垄“超深耕深松不乱土层”理念，利用专用粉垄底耕机具，耕作时不扰乱表土层（约15cm），在表土层以下20～35cm的土层进行粉垄土壤疏松，在作物种植前将表层进行轻耕（保持整个耕作层土壤的相对疏松状态）或免耕的新型农耕技术。

根据目前稻田耕作层多在15cm左右，在此耕作层免耕保护的现有生态条件下，对地面15cm以下的区域土层进行底层粉垄松土，底层松土厚度15cm左右，打破犁底层和利用犁底层土壤资源，使耕作层松土厚度达到30cm左右，建立新的犁底层。

2019年，在广西隆安县那桐镇大腾村首次进行稻田粉垄底层耕（遁耕）种植水稻，该试验在稻田有浅水层的条件下，7月17日采用专用粉垄机具——由拖拉机牵引带动粉垄底层耕具进行底层耕作（每亩耕作耗油成本与拖拉机传统耕作相当）（图5-10），水稻移栽前由农民利用旋耕机整田；对照区按传统由拖拉机耕

作。水稻品种为‘中浙优8号’，8月4日移栽插秧。田间和肥水由农民按常规自行安排管理。11月3日，经广东省农业科学院水稻研究所、国家杂交水稻工程技术研究中心、广西大学等的专家作现场机械收获验收，结果显示：粉垄底层耕水稻折干谷亩产456.15kg，比传统耕作（亩产368.30kg）亩增87.85kg，增幅为23.85%（图5-11）。

图5-10 广西隆安稻田粉垄遁耕作业

图5-11 广西隆安粉垄遁耕栽培水稻成熟期

该技术表明，通过不同的粉垄耕作工具对稻田进行合理打破犁底层，构建新的深厚的耕作层，有利于水稻单产的提升。

六、稻田水层条件下粉垄耕作栽培技术

2020年，利用新发明的立式空心粉垄钻头，首次在早稻收获后、有水层的稻田进行粉垄耕作，效果良好。立式空心粉垄钻头在稻田有水层、有稻秆条件下，能够快速耕作，且田面平整，主要得益于两刀钻的空心钻头，在耕作过程中，碎土和秸秆能够快速通过空心部位，耕作阻力较小，有可能成为稻田耕作的重要耕作机械。

立式空心粉垄钻头可在稻田有水层时进行粉垄作业，也可以在干水稻田耕作，耕作土壤质量基本上达到粉垄耕作水准。

2020年晚稻，在广西北流市大里镇进行粉垄后机械插秧（图5-12），在广西南宁市郊石埠镇进行人工移栽试验（图5-13），粉垄松土深度28～30cm，苗期平均每蔸禾苗分蘖数比对照增加2.0苗左右，结果表明与此前粉垄栽培水稻效果相似。2020年11月25日，经国家杂交水稻工程技术研究中心、广西农业农村厅等

单位专家作现场机械收获验收，结果显示：粉垄平均亩产稻谷436.6kg，比对照每亩增产21.8kg，增幅为5.3%。

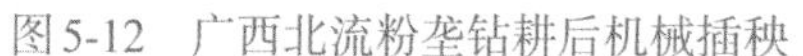
图5-12 广西北流粉垄钻耕后机械插秧

图5-13 广西南宁水层粉垄钻耕

第三节 旱地粉垄农业技术体系

旱地粉垄农业技术体系是指旱地基于钻头粉垄耕作，尽可能利用天然降水、减少人工水利灌溉、合理施肥、合理耕作与休耕，以及粉垄耕作一次或两次之后实行免耕或轻耕保护性耕作等的农业生产技术。

我国的干旱、半干旱耕地面积很大，制约了我国农业产量的进一步提升。

粉垄深耕深松打破了部分犁底层，加深了土壤耕作层，疏松了土壤，增强了土壤对降水的吸收速度和蓄纳能力，建立了“耕地水库”，提高了作物的抗旱能力，从而促进了作物增产、提质。

选择地下50cm内土层没有石块（直径＞3cm）或其他障碍物、坡度在15°以下、土层深厚的平坦或缓坡地，根据不同作物的特点，可在25～50cm调整旱地粉垄耕作深度。

一、玉米粉垄栽培技术

玉米适应性较强，对土壤的要求不太严格，但抵御过度干旱的能力差，耐涝性也差，应尽量避免在陡坡地、低洼地、渍水地等种植。

利用粉垄机进行粉垄作业的深度为25～40cm，在粉垄机整地前将充分腐熟的有机肥或化学肥料均匀撒放在地面上或仅撒放在种植玉米行的地面上，使肥料在粉垄机作业下与耕作层土壤混合，避免肥料外流。具体栽培技术请参照附录中的相应标准规程。

多年来，在全国不同的地区对粉垄耕作技术进行了粉垄栽培玉米的示范推广，取得了增产10.90%～73.08%的效果（图5-14、图5-15、表5-1）。

图5-14　甘肃定西粉垄栽培玉米

图5-15　陕西富平粉垄后第二茬栽培玉米

表5-1　各地粉垄栽培玉米增产情况

年份	地点	土壤类型	耕作方式	亩产/kg	增产率/%
2010	广西宾阳	赤红壤	传统	436.78	
			粉垄	548.61	25.60
2011	辽宁昌图	棕壤土	传统	573.6	
			粉垄	656.5	14.45
2012	辽宁昌图	棕壤土	传统	658.1	
			粉垄	724.3	10.06
2012	宁夏银川	灰钙土	传统	992.02	
			粉垄	1112.2	12.11
2014	广西贵港	赤红壤	传统	480.4	
			粉垄	558.2	16.19
2015	安徽涡阳	砂姜黑土	传统	627.6	
			粉垄	704.6	12.27
2015	河北吴桥	壤质黏潮土	传统	501.4	
			粉垄	595.3	18.73
2015	吉林德惠	黑土	传统	746.1	
			粉垄	844.6	13.20
2015	内蒙古赤峰	棕壤土	传统	608.0	
			粉垄	792.9	30.41
2015	内蒙古通辽	黑钙土	传统	794.3	
			粉垄	913.8	15.04

续表

年份	地点	土壤类型	耕作方式	亩产/kg	增产率/%
2016	河南兰考	轻度盐碱地	传统	628.4	
			粉垄	696.9	10.90
2016	陕西富平	轻度盐碱地	传统	556.66	
			粉垄	750.53	34.83
2017	山东东营	中度盐碱地	传统	388	
			粉垄	492	26.80
2018	山东东营	重度盐碱地	传统3次	468.0	
			粉垄3次	810.0	73.08

二、小麦粉垄栽培技术

利用粉垄机械对麦田进行粉垄，作业深度30～40cm，粉垄一次性整地可达到种植小麦的几个理想要求。第一是“深”，深耕30cm以上，打破部分犁底层；第二是“松”，耕作层疏松通气、不板结；第三是“碎”，土层粉碎均匀一致，土渣细小。

有条件的，在粉垄机整地前将充分腐熟的有机肥或农家肥，以及氮、磷、钾化肥一般亦全部用作基肥，均匀撒放在地面上，让其随粉垄机的螺旋型钻头混入耕作层中。

目前，我国小麦多产在北方区域，由于北方区域相对来说降水量较小，在施肥的时候尽量采用深施，也就是在小麦播种前将有机肥和化肥一次性深施，不需要追肥，省工、省时、肥效好。

在全国不同的地区，对粉垄耕作技术进行了粉垄栽培小麦的示范推广，取得了增产13.05%～32.58%的效果（图5-16、图5-17、表5-2）。

图5-16 陕西富平粉垄栽培小麦

图5-17 河南兰考粉垄栽培小麦

表5-2　各地粉垄小麦增产情况

年份	地点	土壤类型	耕作方式	亩产/kg	增产率/%
2012	河北吴桥	壤质黏潮土	传统	418.6	
			粉垄	525.4	25.51
2012	河南潢川	黄棕壤	传统	264.4	
			粉垄	333.8	26.25
2014	河北吴桥	壤质黏潮土	传统	434.7	
			粉垄	576.3	32.58
2014	河南温县	黄河冲积土	传统	434.71	
			粉垄	565.71	30.14
2015	安徽涡阳	砂姜黑土	传统	578.5	
			粉垄	654.0	13.05
2016	陕西富平	轻度盐碱地	传统	405.89	
			粉垄	527.26	29.90

三、马铃薯粉垄栽培技术

利用粉垄机械进行整地，深度30～40cm，同时在粉垄机上加挂开行犁（在螺旋型钻头后面），每垄开2行播种行，沟深10～15cm、沟宽10～15cm。将有机肥与氮、磷、钾复合肥配合作为底肥在粉垄前撒放于田面上。

粉垄耕作加深了耕作层深度，并使得耕作层土壤可以长期保持疏松状态，土壤中氧气充足，利于马铃薯的生长发育。具体栽培技术请参照附录中的相应标准规程。

河北、甘肃等6个点马铃薯平均亩增883kg、增幅36.3%。2017年，广西金光农场粉垄冬种马铃薯亩产2203.2kg，增产79.7%（图5-18～图5-20，表5-3）。

图5-18　河北沽源粉垄栽培马铃薯

图5-19　甘肃定西粉垄栽培马铃薯

图5-20　广西南宁粉垄栽培马铃薯

表5-3　各地粉垄马铃薯增产情况

年份	地点	土壤类型	耕作方式	亩产/kg	增产率/%
2011	甘肃定西	黄土	传统	862.9	
			粉垄	1168.6	35.4
2016	甘肃定西	黄土	传统	1416.71	
			粉垄	2155.52	52.1
2016	广西北流	水稻土	传统	1686.9	
			粉垄	2211.5	31.1
2016	广西玉林	赤红壤	传统	1492.4	
			粉垄	1866.2	25.0
2016	河北沽源	盐碱地	传统	3340.00	
			粉垄	4488.91	34.4
2017	河北沽源	盐碱地	传统	3121.00	
			粉垄	4773.72	53.0
2018	广西金光农场	红壤土	传统	1226.1	
			粉垄	2203.2	79.7

四、甘蔗粉垄栽培技术

利用粉垄机械进行整地，作业幅宽1.1～1.2m，松土深35～40cm，垄面宽50cm，在粉垄松土层上开深25～30cm、宽10～15cm的种植沟，可由粉垄机械结合整地一次完成；或按照当地机械种植、机械收获、间套种等对甘蔗种植行距的要求进行安排。

旱坡地宜按等高线进行粉垄耕作，以利保水。粉垄耕作前，在蔗田上均匀撒施充分腐熟的农家肥或有机肥或复合肥料，然后进行粉垄作业。具体栽培技术请参照附录中的相应标准规程。

在广西蔗区对甘蔗粉垄栽培技术进行了示范推广，取得了增产14.1%～62.4%的效果（表5-4，图5-21～图5-23）。

表5-4 广西粉垄栽培甘蔗增产情况

年份	地点	粉垄亩产/kg	增产/（kg/亩）	增产率/%
2010	广西宾阳县邹圩镇	4 749	1 020	27.4
2012	广西宾阳县邹圩镇	5 168	1 311.2	34.0
2013	广西龙州县水口镇	8 988	2 271	33.8
2015	广西龙州县逐卜乡	5 583	1 272.1	29.5
2016	广西农业科学院试验田	12 729	1 960	18.2
2017	广西宾阳县邹圩镇	9 668	3 037.8	45.8
2017	广西隆安县那桐镇	9 574	2 524	35.8
2019	广西宾阳县邹圩镇	6 559	1 440	28.1
2019	广西扶绥县渠黎镇	4 283	950	28.5
2019	广西隆安县那桐镇	8 865	2 338	35.8
2019	广西南宁市坛洛金光农场	7 220	890	14.1
2020	广西宾阳县新圩镇	4 930	870	21.4
2020	广西宾阳县邹圩镇	5 480	1 540	39.1
2020	广西扶绥县渠黎镇	4 271	710	19.9
2020	广西隆安县那桐镇大滕屯	5 050	1 850	57.8
2020	广西隆安县那桐镇细滕屯	10 750	4 130	62.4
2020	广西南宁市坛洛金光农场	4 981	860	20.9

图5-21 广西崇左粉垄栽培甘蔗

图5-22 广西宾阳粉垄栽培甘蔗

图5-23　宿根甘蔗粉垄底层耕及耕后长势

除了这种整田粉垄、整田密集安排行种的传统甘蔗种植模式，目前我们研发出了一种基于宽窄行的甘蔗粉垄“145”技术模式。其具体技术支撑体系与操作流程如下。

（一）技术支撑体系

1. 粉垄耕作第一年，超深耕“水库型”的粉垄耕作关键技术支撑

采用“上立两刀钻下犁松”等特制甘蔗粉垄专用机，按照“145”模式宽窄行布局，窄行粉垄，耕幅90cm、深松50～60cm、甘蔗双行定植，在拖拉机旋耕一次破碎旧蔗蔸等之后进行粉垄作业，一次成型，建立一年四季甘蔗无明显受旱害、受营养制约的“土壤水库”和“营养均衡供给库”，这是甘蔗粉垄“145”模式最核心的关键支撑技术；宽行宽度1.2～1.6m，是两行粉垄（窄行）之间的未粉垄部分，间套种其他作物（图5-24）或休耕；耕作阻力小、效率高、耗能小（每亩耗油20～30元）。

图5-24　甘蔗粉垄“145”模式套种谷子

2. 4年宿根侧底层耕，侧底层耕松土增氧增温增苗技术支撑

采用垄侧底层耕耕作机装置，对收获甘蔗的粉垄蔗垄两侧底部35cm左右

处，保留蔗垄中心40cm左右底部土壤维持原状、防止整垄下塌，进行两侧的底部松土、断掉甘蔗老根系耕作，一次性完成，促进蔗垄越冬期间增温、增氧、增加有益微生物，促进蔗蔸休眠和春后芽多芽壮（据试验结果显示，出苗增加30%以上），这是甘蔗粉垄“145”模式宿根蔗的关键核心技术，为粉垄宿根蔗亩增1t打下基础。

3. 配套使用甘蔗粉垄“145”尺度的甘蔗收割机，避重轮碾压宿根蔗蔸

配套使用甘蔗粉垄“145”尺度的甘蔗收割机是本技术体系的关键之一。甘蔗粉垄“145”模式专用甘蔗收割机，符合甘蔗粉垄“145”尺度，其190马力、履带跨度90cm、双轮（履带）不伤害蔗蔸（属保护性机收）、收割口径1.2m、平刀平割甘蔗（不割裂蔗蔸、蔗桩）；而且，由于粉垄耕幅90cm且双行植蔗，抗倒力强、蔗株直立，甘蔗机收双轮（履带）横跨空地前行收割甘蔗，双轮（履带）不伤害蔗蔸，这也是甘蔗粉垄“145”模式的关键核心技术之一。它既利于甘蔗集中采收，又不影响宿根后茬的生产与产量。

4. 甘蔗粉垄“145”模式创造更科学、更人性化的田间管理环境

由于甘蔗粉垄“145”模式为宽窄行布局，既利于甘蔗发挥边行优势，采光好、透风、防倒，又体现田间管理的人性化，更便于机械化施肥、除草、培土等，减少人工成本和田间劳作。

5. 底部“W暗沟”贮水型粉垄耕作，更有利于实施甘蔗“双吨”全程机械化工程

此前推行的粉垄耕作技术为“平底型粉垄耕作”，广西甘蔗试验中亩产超过7.5t的有7个点，亩产为8865～12 729kg，增产率为18.2%～62.39%。值得强调的是，现在的粉垄耕作耕具、耕作方式和耕作内涵与此前的粉垄耕作今非昔比，从减少耗能、有效增贮天然降水等出发，由“平底型粉垄耕作”改为底部“W暗沟”贮水型粉垄耕作，底部“W暗沟”为贮水型粉垄土壤，更利于增加天然降水和作物增产稳产。

在甘蔗粉垄“145”模式亩增原料蔗1t目标的基础上，在高产蔗地，可设立亩产原料蔗7.5～8t、亩产白糖1t的示范生产基地，由此创建与实施亩增原料蔗1t和亩产白糖1t（亩产原料蔗7.5～8t）的“双吨”全程机械化工程（简称粉垄甘蔗“双吨”工程），可全面促进广西蔗糖业的振兴发展。

6. 粉垄“W暗沟”和条带间隔性耕作，除甘蔗外的全国性应用前景十分广阔

粉垄“W暗沟”和条带间隔性耕作这两种粉垄耕作方式，不仅以全程机械化应用于甘蔗粉垄“145”模式亩增原料蔗1t及亩产白糖1t“双吨”工程，还可在全国参考应用于西瓜、南瓜、棉花、玉米和果树间套种等。各地可视本地域情况进行粉垄间隔性耕作尺度的调整，如西瓜、南瓜等可粉垄间隔性耕作20%～30%面积（即70%～80%面积免耕免种其他作物），果树间套种可粉垄间隔性耕作

30%～40%面积，棉花、玉米为70%～80%面积，依此类推，以提高农作物产量、减少耕作和人工管理成本、增加生态效益。

（二）操作流程

1. 旧蔗地处理

粉垄“145”模式甘蔗新植时，对于旧蔗地，首先要犁翻、旋耕处理旧蔗蔸等，以免旧蔗复发乱生蔗苗、影响产量。

2. 粉垄耕作与基肥处理

甘蔗粉垄“145”模式，每隔120～160cm粉垄宽90cm、深松40～50cm（肥料50%～60%面施，让粉垄钻头旋入土内）。

3. 粉垄后甘蔗种植

粉垄带内种植双行甘蔗，占粉垄带的40～45cm；利用粉垄松土，可采用目前经改造的甘蔗种植机种植，也可采用发明的机械直插种植，既快又促进甘蔗多出苗、出好苗，减少传统耕作需开沟、摆种、覆土等程序，节省人工投入。

4. 使用除草培土追肥一体机作业

甘蔗苗期，在田间宽行进行第一次除草追肥作业，促进甘蔗早生快发；5～6月，进行第二次除草追肥培土作业，促进甘蔗拔节生长；7～8月，进行第三次除草追肥大培土作业，促进甘蔗生长和抗倒伏。通过这些作业，让田间干净无杂草，又形成粉垄带底部松土土壤水库、甘蔗带两侧垄高贮水带、宽行行走通道低凹贮水带的3个贮水功能工程。

5. 剥叶处理

8～10月，在宽行的空间，利用机械对甘蔗进行机械化剥叶处理；对于高产田块建议分两次剥叶，第一次将从地上到株高1.5m左右的蔗叶剥下，第二次将1.5～2.5m的蔗叶剥下。

6. 甘蔗机械采收

采用“145”模式专用甘蔗机械采收，避免机械轮子重力碾压宿根蔗蔸。

7. 宿根蔗侧底层耕兼深施肥

对于每年收完甘蔗的宿根蔗，要及时进行蔗垄两侧底层耕兼深施肥的增氧增温作业；一年或两年一次，使4年的宿根蔗早出苗、出多苗、壮生长，每亩每年增产1t左右，比传统耕作至少可增加1年的宿根期。

五、其他旱地作物粉垄栽培技术

粉垄技术至今已经在全国的28个省份的50种作物上成功应用（图5-25、图5-26），均取得了良好效果，增产显著。其中，广西木薯增产20.13%（图5-27），谷子增产36.5%（图5-28）；粉垄种植白花扁豆，增产20.8%，粗蛋白含量增加2.6278个百分点，增幅为18.79%（图5-29）；山东盐碱地高粱生物量增加287.9%（图5-30）。2019年8月1日，西藏山南市粉垄青稞折干亩产381.1kg，比常规栽培

图5-25　宁夏银川粉垄栽培萝卜

图5-26　陕西神木粉垄栽培向日葵

图5-27　广西玉林粉垄栽培木薯

图5-28　广西宾阳粉垄栽培谷子

图5-29　广西武鸣粉垄栽培白花扁豆（牧草）

图5-30　山东东营重度盐碱地粉垄栽培高粱

图5-31 西藏山南粉垄栽培青稞

亩增产63.6kg、增幅为20.00%。2021年山南市扎囊县盐碱地粉垄青稞经济亩产量215.8kg，比常规栽培亩增产60.2kg、增幅为38.69%（图5-31）。2021年日喀则市江孜县利用两刀钻粉垄机在乱石非耕地上进行粉垄作业，种植青稞‘喜马拉22’，11月4日经现场测产，粉垄青稞平均亩产199.6kg，比对照平均亩产（163.6kg）增加36kg，增幅为22.0%。

第四节 旱地盐碱地粉垄改良技术体系

据联合国教科文组织和联合国粮食及农业组织不完全统计，全世界盐碱地的面积为9.54亿hm^2，其中我国为9913hm^2。

我国碱土和碱化土壤的形成大部分与土壤中碳酸盐的累积有关，因而碱化度普遍较高，在严重的盐碱土壤地区植物几乎不能生存。

盐碱地分为轻度盐碱地（pH为7.1～8.5）、中度盐碱地（pH为8.5～9.5）和重度盐碱地（pH为9.5以上）。轻度盐碱地含盐量在3‰以下，出苗率在70%～80%；重度盐碱地是指它的含盐量超过6‰，出苗率低于50%。

我国盐碱地的分布区是根据它的土壤类型和气候条件决定的，分为滨海盐渍区、黄淮海平原盐渍区、荒漠及荒漠草原盐渍区、草原盐渍区4个大类型。

盐碱地是世界土壤改造中最大的顽症，也是潜力最大的后备耕地。10年来在宁夏、陕西、新疆、内蒙古、河北、河南、吉林、黑龙江、山东、甘肃10个盐碱地省份，进行粉垄物理性改造轻度、中度、重度盐碱地，土壤降盐20%～40%、作物增产20%～40%。其中，轻度、中度盐碱地粉垄一次就基本达到改造利用目的，改造利用的成本投入非常低下；重度盐碱地经粉垄3～5次也基本达到改造利用目的。

粉垄改造盐碱地是短期内通过简单的物理耕作途径有效改良盐碱地的新方法，破解了物理性、低成本改造盐碱地的难题。

一、旱地盐碱地粉垄改良原理

盐碱地形成的根本原因为水分状况不良。所以针对传统改良方法在改良初期，应该将重点放在改善土壤的水分状况上面。一般分三步进行，首先排盐、洗盐、降低土壤盐分含量；再种植耐盐碱的植物，培肥土壤；最后种植作物。具体的改良措施是：排水、灌溉洗盐、放淤改良、种植作物、培肥改良、平整土地和化学改良。

粉垄超深耕深松耕作改良盐碱地，通过一到二、三次粉垄深旋耕，明显可以改变盐碱地的土壤结构，打破了地表和地下的盐碱板结层，增加土壤疏松度，有利于盐碱向下淋溶，同时打破了土壤毛细管，阻断了盐碱随土壤水分蒸发的上移，实现盐分由耕作层上层向下层迁移而获得成功。其基本原理如下。

1）利用粉垄机械螺旋型钻头垂直入土高速旋磨切割土壤，土壤耕作层加深到40cm左右，且土壤均匀细碎，将原来耕作层中土壤盐分下移到加深后的耕作层土壤中，在物理层面上稀释了上层土壤中的盐分浓度，使0～20cm耕层中的土壤盐分浓度得以明显下降，使作物容易发芽、出苗。

2）经粉垄耕作盐碱地土壤耕作层疏松，雨水下渗速度加快30%～50%，土壤中部分可溶性盐分随天然降水的淋溶作用而下降至耕作层底部。

3）粉垄耕作的机具为螺旋型钻头，横向切割土壤，使得耕作层内土壤细碎，其毛细管被切断，下渗到底部的盐分不易再随土壤水分蒸发而返盐。

4）经粉垄耕作盐碱地土壤随着淡盐作用和通透性增强，加之土壤其他养分和微生物得以激活利用，形成全新的土壤生态环境，有利于促进作物根系生长和深扎，形成良好的根系体系，促进地面植株苗壮生长和光合效率提高，进而促进作物大幅增产（表5-5）。

表5-5　粉垄盐碱地种植各种作物增产一览

年份	地点	盐碱程度	作物	耕作方式	亩产/kg	增产率/%
2016	河南兰考	轻度	玉米	传统	628.4	
				粉垄	696.9	10.9
2016	陕西富平	轻度	小麦	传统	405.89	
				粉垄	527.26	29.9
2016	陕西富平	轻度	玉米	传统	556.66	
				粉垄	750.53	34.8
2016	新疆尉犁	重度	棉花	传统	255.6	
				粉垄	380.3	48.8
2017	山东东营	中度	玉米	传统	388	
				粉垄	492	26.8
2017	新疆尉犁	重度	棉花	传统	380.9	
				粉垄	489.4	28.5

续表

年份	地点	盐碱程度	作物	耕作方式	亩产/kg	增产率/%
2018	山东东营	重度	玉米（鲜重）	传统3次	468	
				粉垄3次	810	73.1
2019	新疆尉犁	重度	棉花	传统	226.98	
				粉垄	412.43	81.7

二、旱地盐碱地粉垄改良技术

根据粉垄耕作对盐碱地土壤的“淡盐”原理，针对重度、中度和轻度不同类型盐碱地粉垄耕作技术改良所取得的技术经验，各种类型盐碱地粉垄耕作技术改良的技术要点如下。

（一）轻度、中度类型盐碱地（含盐量＜5‰）粉垄耕作改良技术要点

粉垄耕作1～2次、深度40cm以上，即可实现“淡盐”而增产提质。轻度盐碱地，经1次粉垄耕作、深度40cm，即可正常播种作物并获得理想的增产效果；中度盐碱地，经1～2次粉垄作业，即可正常播种常规作物并发挥其增产潜能。由此表明粉垄耕作能够物理性、低成本地改良轻、中度类型盐碱地，为加快我国这类盐碱地的改造利用提供经济、快速的技术支撑。

（二）重度类型盐碱地（含盐量≥6‰）粉垄耕作改良技术要点

重度类型盐碱地含盐量大，粉垄耕作技术改良需要进行多次粉垄耕作方能使0～20cm土层实现“淡盐”。其技术要点如下。

1. 第1次粉垄降盐技术

粉垄耕作深度40～50cm，使0～20cm耕层土壤开始降盐。

2. 第2次粉垄降盐技术

第1次粉垄后1～2个月进行第2次粉垄，使0～20cm耕层进一步降盐。

3. 第3次粉垄降盐技术

第2次粉垄后1～2个月进行第3次粉垄，使0～20cm耕层进一步降盐；此时，0～20cm耕作层土壤盐分下移到20～60cm区域土层，0～20cm耕作层区域含盐量初步接近中度盐碱地水平时，即可开始种植农作物。

4. 第4次、第5次粉垄降盐技术

视第3次粉垄降盐效果状况，如有必要再进行第4次、第5次的粉垄耕作处理。这两次粉垄耕作可结合培肥地力播种绿肥或油菜或玉米等，或同时施用有机肥料或微生物肥料，使重度盐碱地0～20cm的耕作层含盐量达到正常耕地含盐量

水平，即可正常种植农作物。

三、重度旱地盐碱地粉垄改良效果

（一）山东东营含盐量9.2‰的重度盐碱地改良效果

山东东营黄河三角洲是我国重要的滨海类型盐碱地，面积约13.3万hm^2，多年来有中国科学院、中国农业科学院、中国农业大学等科研机构和高等院校进行了多方面的改造利用，改造利用的方法主要是工程化排盐、化学性排盐和微生物排盐。

根据科学技术部意见，2017年2月，山东黄河三角洲农业高新技术产业示范区管委会和广西农业科学院签订合作协议，利用广西农业科学院研发的粉垄技术，以项目“粉垄改造东营滨海重度盐碱地”的形式合作研究改造山东省东营地区滨海盐碱地（图5-32）。

第一次粉垄。2017年5月，进行首次粉垄，部分地面长出杂草（对照区拖拉机耕作几乎无杂草）（图5-33）。

图5-32　山东东营滨海重度盐碱地

图5-33　重度盐碱地粉垄一次后长出杂草

第二次粉垄。2017年8月，进行二次粉垄，播种的蔬菜能够部分出苗并长成植株。2018年5月29日对自然性长出的杂草“麦蒿”（据当地专家说该种杂草在重度盐碱地不能生长，只有在轻度、中度盐碱地方能生长）产量进行过秤，结果比对照增加71.43%（图5-34）。

图5-34　重度盐碱地粉垄二次后效果

第三次粉垄。2018年5月29日，

进行第三次粉垄（各次粉垄深度均在40cm以上），经取样检测，粉垄0～20cm土层含盐量为5.4g/kg，比对照（8.5g/kg）下降3.1g/kg、降幅为36.5%；粉垄中、下层土壤含盐量分别比对照提高1.4g/kg、0.3g/kg。玉米收获后取土样检测，粉垄0～20cm土层含盐量为4.3g/kg，比对照（8.9g/kg）下降4.6g/kg、降幅为51.7%；粉垄中、下层土壤含盐量分别比对照提高2.5g/kg、0.6g/kg。由此表明粉垄耕作使重度盐碱地的土壤含盐量发生了重大变化，呈现出表层0～20cm含盐量随着粉垄的次数增加而减轻、而中、下层土壤含盐量有所增加的规律（韦本辉等，2020）。

2018年6月3日播种棉花、高粱，各种处理均按大田常规管理进行。9月17日，通过中国农业科学院、中国科学院、山东省农业科学院、广西大学等专家测产验收，结果显示：三次粉垄处理种植的玉米籽粒鲜重平均每亩810kg，比对照（平均每亩468kg）亩增产342kg、增幅为73%；三次粉垄处理种植的高粱生物量平均每亩8220kg，比二次粉垄处理的平均每亩4658kg、对照（拖拉机耕作）平均每亩2119kg分别增产76.5%、287.9%。

图5-35　重度盐碱地粉垄三次后种植玉米

2018年10月冬种小麦，2019年6月4日经中国科学院、山东省农业科学院等单位专家验收，三次粉垄小麦亩产372.15kg，对照小麦亩产146.39kg，三次粉垄处理比对照亩增产225.76kg、增幅为154.22%（图5-35）。

（二）新疆尉犁县重度盐碱地改良效果

新疆是我国最为干旱、土壤盐碱化分布面积最广、盐碱化类型最多、土壤积盐最重的地区，在国际上被喻为世界盐碱地博物馆。

新疆（包括新疆生产建设兵团）灌区耕地总面积为617.8万hm^2，盐渍化耕地面积为233万hm^2，占灌区耕地总面积的37.7%（张龙，2020）。土地盐渍化已严重限制和阻碍了干旱区农业开发及可持续发展，粉垄技术有望成为改良利用新疆盐碱地的一大利器。

2015～2019年，新疆尉犁县兴平乡哈拉红村东干渠种植大户李强实施了广西农业科学院经济作物研究所的“粉垄改造新疆重度盐碱高产示范”项目。

1）2015年10月，由自走式粉垄深耕深松机进行耕作，深度约40cm，面积200亩，对照（常耕）50亩；2016年4月播种棉花，品种为‘新陆中51号’。2016年8月15日，经清华大学检测机构检测，结果显示：粉垄平均碱化度为8.725%，比对照（14.83%）降低幅度41.17%；粉垄0～20cm（碱化度8.05%）比粉垄20～40cm（碱化度9.40%）碱化度降低幅度14.36%；粉垄0～20cm比对照碱化度降低幅度45.72%，粉垄20～40cm比对照碱化度降低幅度36.61%。2016年9月，由广西农业科学院组织，经中国农业科学院、中国科学院、清华大学、新疆农业科学院等单位专家的现场测产，结果显示：粉垄处理亩产籽棉380.3kg，比对照（常耕）255.6kg/亩增产124.7kg/亩，增产率48.8%（图5-36）。

图5-36　新疆尉犁粉垄第1年棉花（左）与对照（右）

2）2017年4月播种棉花，品种为‘179’，2017年9月，由广西农业科学院组织，经尉犁县农业技术推广中心等单位的专家的现场测产，结果显示，粉垄第2年棉花亩产籽棉500.83kg，比对照（常耕）383.18kg/亩增产117.65kg/亩，增产率30.7%（图5-37）。

图5-37　新疆尉犁粉垄第2年棉花（左）与对照（右）

3）2019年为粉垄一次后第4年，棉花品种为‘新陆中49号’，9月10日经中国农业科学院、中国科学院等单位的专家现场测产验收，粉垄棉花亩产籽棉412.43kg，比对照226.98kg/亩增产185.45kg/亩，增产率81.7%（图5-38）。

朱万里基地粉垄情况。在与李强种植大户所在地区距离100多千米外的新疆尉犁县喀尔曲尕乡，种植大户朱万里在该地于2016年4月6日进行重度盐碱地粉垄耕作570亩。据朱万里反映，第1年（2016年）因为地里盐碱含量比较高，当年亩产棉花380kg；2017年亩产500kg；2018年因大风，棉花地受灾，亩产370kg；2019年棉花亩产在500kg左右。朱万里强调，重度盐碱地粉垄过的和未粉垄（对照）过的明显不一样。

4）种植大户李强粉垄改造重度盐碱地，2020年为粉垄后第5年，所种植的棉花仍然比对照的棉花好。2020年10月12日，经尉犁县农业农村局专家现场测产，籽棉亩产677.70kg，比对照（496.80kg/亩）增加180.90kg/亩，增产率36.4%（图5-39）。

图5-38　新疆尉犁粉垄第4年棉花

图5-39　新疆尉犁粉垄第5年棉花

（三）吉林洮南重度盐碱地改良效果

吉林省盐碱地是世界三大苏打盐碱土分布区之一，据1996年TM图像和1999年野外调查显示，吉林省盐碱地面积96.90万hm^2，其中轻度盐碱地6.07万hm^2，占吉林省盐碱地面积的6.26%，中度盐碱地46.41万hm^2，占吉林省盐碱地面积的47.89%，重度盐碱地面积为44.42万hm^2，占吉林省盐碱地面积的45.84%。

2016年，广西农业科学院经济作物研究所与河南省雏鹰农牧集团股份有限公司合作，在吉林省洮南市进行粉垄改造几十年未种作物的重度盐碱地试验（图5-40、图5-41）。在2016年10月中旬粉垄，深度40cm，面积127亩，粉垄后采集土壤送检，全盐含量下降了72.73%，2017年9月经中国科学院等单位的专家现场调查，在自然条件下，粉垄耕作后的杂草茂盛、保持青绿色，产草量比对照（拖拉机耕作）增加1倍以上。

图5-40　吉林洮南重度盐碱地粉垄耕作

图5-41　吉林洮南重度盐碱地粉垄后第2年

四、中、低度旱地盐碱地粉垄改良效果

粉垄使中度盐碱地盐分含量下降20%以上、增产8%～40%，为低成本、快速物理性改良盐碱地提供技术支撑。

1）宁夏银川盐碱地粉垄一次土壤全盐含量下降54.7%，种植的玉米亩产1112.2kg，比对照亩增120.2kg、增幅为12.1%。

2）陕西富平县曹村镇粉垄后土壤全盐含量下降42.73%，粉垄第一茬小麦亩产527.26kg，增产121.37kg/亩、增幅为29.9%；第二茬玉米亩产750.53kg，增产193.87kg/亩、增幅为34.83%。

3）山东黄河三角洲农业高新技术产业示范区管委会与广西农业科学院合作进行试验示范，一次粉垄后全盐含量下降8%，玉米亩产492kg，增产104kg/亩、增幅为26.80%（图5-42）；二次粉垄种植高粱，比对照增产45.23%（图5-43）。

4）河南兰考县粉垄小麦亩产607.9kg，增产45.5kg/亩、增幅为8.1%。

图5-42　山东东营滨海中度盐碱地粉垄栽培玉米

图5-43 山东东营滨海中度盐碱地粉垄栽培高粱

第五节 旱地间隔性粉垄技术体系

间隔性粉垄技术是根据国家提倡耕地休耕制度和实行耕种、休耕相结合的要求，结合粉垄多年的实践和研究，提出来的一项耕种新技术。

间隔性粉垄即粉垄局部条状全层耕。该粉垄耕作方式可分为间隔性条状平底全层耕和间隔性条状底层“W暗沟”耕。

粉垄局部条状全层耕尤其是间隔性条状底层“W暗沟”耕的特点在于：既能满足作物对土地深耕深松的需求，又能节省耕作成本；在坡度较大的地方还能减少因耕作引起的水土流失。

更为重要的是，间隔性粉垄可视为土地休耕的一种方式。休耕是为了提高耕种效益和实现土地可持续利用，在一定时期内采取的以保护、养育、恢复地力为目的的不耕种的措施。

2016年，农业部等十部门联合发布《探索实行耕地轮作休耕制度试点方案》，提出重点在东北冷凉区、北方农牧交错区等地开展轮作试点，重点在地下水漏斗区、重金属污染区和生态严重退化地区开展休耕试点。轮作休耕制度是切实保护耕地、推进农业结构调整的重大举措，做到藏粮于地、藏粮于技。

一、甘蔗

甘蔗间隔性粉垄是由甘蔗现行1.2m行距全田性种植，改为宽行、窄行的

“窄垄”局部种植，即在宽行相间的“窄行”，粉垄宽90cm、深松50～60cm，双行种植甘蔗，其总面积约占1亩蔗地的“4分地”空间；宽行1.2～1.6m约占“6分地”空间，为休闲区域，实行免耕。

窄行的粉垄深耕相当于耕作了一条深沟，不仅利于甘蔗根系深扎、吸收深层土壤的养分，而且可以将雨季的天然降水贮存起来，供旱季时使用，达到水分均衡供给，保证甘蔗正常生长。3～5年后，在上一轮宽行1.2～1.6m即“6分地”非粉垄空间区域再行粉垄耕作（即本书前文所述甘蔗粉垄“145”模式），如此循环，不仅保持每亩每年增蔗1t，而且使蔗地“种、休”交替，地力得以恢复甚至提升，可为甘蔗糖产业可持续发展提供土地资源保障与技术支撑（图5-44）。

图5-44　甘蔗粉垄“145”模式（左侧）下的甘蔗长势好、田间杂草少

二、棉花、玉米等作物

受甘蔗粉垄“145”模式启发，根据棉花、玉米等为条状行种的特点，在满足其生长发育和增产需求的基础上，合理安排其种植带，可形成宽窄行和平均行距的粉垄耕作模式。例如，粉垄宽90cm、深40cm，双行种植棉花或玉米，其人行道即排水沟实行免耕，宽40～60cm，这样可形成粉垄种植带内良好的土壤水库、营养库、氧气库和微生物库，为棉花和玉米的生长建立特别良好的土壤生态环境；同时，发挥其个体与群体的协调关系，充分利用边行优势，采光度更好，病虫害减少。相反，宽40～60cm的排水沟免耕，其集的雨水都流到旁边的粉垄种植带上，既节耕节能，又能提高生态效益。

类似棉花、玉米等行种的其他作物也可以效仿这种粉垄耕作模式。

三、瓜类作物

种植西瓜、南瓜等爬地作物，可以实行一亩地实际粉垄耕作2～3分地，即采用粉垄“145”模式的机械，粉垄宽90cm、深40cm，免耕2.0～3.5m，降低现行全田耕耗、能耗、油耗成本，是最理想、最经济的粉垄耕作与种植模式。

这种粉垄西瓜、南瓜等爬地作物的种植模式，直接发挥了粉垄种植带的土壤水库、营养库、氧气库和微生物库作用，对提高单产和品质有利。

第六节　其他粉垄技术体系

一、粉垄改良砂姜黑土技术体系

全国砂姜黑土面积约400万hm^2，主要分布在安徽、河南、山东等省份结合部区域。

砂姜黑土成土母质主要为河湖相沉积物，土壤具有强烈干缩湿胀特征，土壤质地黏重，结构性差，土壤蓄水保水能力弱，易旱易涝，土壤抵御自然灾害的能力脆弱。

自2015年开始，中国科学院农业资源研究中心在安徽省涡阳县进行粉垄改良砂姜黑土试验示范（图5-45、图5-46）：不施用氮肥（N0），粉垄玉米比对照增产19.2%；在施氮量为15kg/亩（N225）的条件下，粉垄深旋耕比对照增产12.3%，粉垄深旋耕明显提高了砂姜黑土的氮肥偏生产力和氮肥农艺效率（表5-6）。与常规旋耕相比，粉垄深旋耕不仅能够明显增加其处理后第一茬小麦的产量（增产13.1%），其第二茬小麦仍然具有明显的增产优势（增产25.6%）；2017年10月，粉垄（第3季）大豆亩产164.3kg，比对照增产11.8%（表5-7）。

图5-45　中国科学院农业资源研究中心在安徽涡阳砂姜黑土同一块地进行粉垄与深翻、深松效果比较（2017年12月3日）

图5-46　安徽涡阳粉垄小麦田间长势（左）与对照（右）

表5-6　砂姜黑土不同耕作方式和氮肥对玉米产量与氮肥效率的影响

处理	氮肥处理	产量/（kg/亩）	氮肥偏生产力/（kg/kg）	氮肥农艺效率/（kg/kg）
对照	N0	571.2±32.6c		
	N225	627.6±17.9bc	41.84±1.20b	3.76±0.24a
粉垄	N0	680.8±17.1ab		
	N225	704.6±8.2a	46.98±0.55a	3.91±0.55a

表5-7　砂姜黑土粉垄不同茬数对作物产量的影响　（单位：kg/亩）

处理	第一茬（小麦）产量	第二茬（小麦）产量	第三茬（大豆）产量
对照	578.5	512.0	146.9
粉垄	654.0	643.3	164.3
粉垄比对照增加比例	13.1%	25.6%	11.8%

二、粉垄改良退化草原技术体系

在草原上，通过粉垄深旋耕草地，打破草地土壤从来没有耕作过的现状，通过耕作层30～50cm的增加，明显活化改变了草地耕作层土壤理化结构；增加土壤蓄水层，增加根系生长量，增加产草量20%～50%；同时改变了草种的更替和演化，有利于草地向优质高产方向演化。

2016年4月，在内蒙古通辽市科左中旗进行粉垄改良退化草原试验示范，粉垄深度40～50cm，无人管理，对照为原生态草原。当年粉垄130d后的9月12日经专家现场测产，粉垄牧草平均高度125cm，比对照增高82cm、增幅为190.70%，亩产草512.4kg，比对照增产275.8kg/亩、增幅达116.57%（图5-47）。

河北张家口沽源退耕草原粉垄种植的甜菜亩增1t，种植的燕麦增产25%以上（图5-48、图5-49）。

图5-47 内蒙古通辽粉垄130d后牧草长势

图5-48 河北张家口粉垄（右边）种植甜菜

图5-49 粉垄栽培甜菜苗期

2019年以来，对退化草原粉垄改造作出了重大技术调整。采用单片草原全地底耕（遁耕）和间隔性底耕（遁耕）两种方式，进行退化草原贮水生态丰草技术改造。从理论和实践上分析，退化草原间隔性底耕（遁耕）技术在保护草原植被不被伤害、间隔性建立的地下水库共用、快速底层耕作的条件下，使退化草原得以贮水，达到迅速丰草的目的（图5-50、图5-51）。

三、粉垄果园技术体系

果树是指果实可食的树木，是能提供可食用的果实、种子的多年生植物及其砧木的总称。

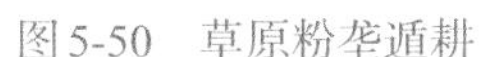
图5-50　草原粉垄遁耕

图5-51　草原粉垄遁耕后牧草长势

果树大体可分为木本落叶果树（如苹果、桃、石榴、核桃、红枣等）、木本常绿果树（如柑、橙、荔枝、龙眼、杧果等）和多年生草本果树（如香蕉、菠萝、草莓等）。

将粉垄耕作引入果树栽培是一个新的果树种植方法。粉垄耕作几乎适用于所有新植果树的栽培。

将粉垄耕作引入果树栽培有两种技术方案。一种是果树种植前进行条状或点状粉垄耕作，如粉垄宽90cm、深60cm条件下新植苗木，种植果树的行间实行免耕；另一种粉垄耕作是果树幼龄期期间在行间进行全层耕粉垄，也可以实行底层耕粉垄，增加果树根系拓展区域和吸收更多的土壤营养。具体方法如下。

（一）普通型粉垄耕作

果树是多年生作物，为使根系向土壤深处充分扩展、形成庞大的根系群，果树定植前必须要进行深翻。粉垄机械耕作深度可根据需求在30～100cm进行调节，满足各种果树的新植需求。

设施栽培条件下的果园如果预留有足够的机耕道路，而且果园内的设施不妨碍粉垄作业，亦可采用粉垄耕作进行栽培。

（二）条状局部粉垄耕作

所谓条状局部粉垄耕作即根据需求，在需要种植果树的地方进行条带状粉垄耕作，而不种植果树的区域则不进行粉垄耕作。条状局部粉垄耕作的优势在于既能满足果树对土地深耕深松的需求，又能节省耕作成本；在坡度较大的果园还能减少因耕作引起的水土流失。

（三）幼龄果树行间条状局部粉垄全耕

幼龄果树指新植后1～3年生的未结果小树。幼龄果园一般行距较宽，挂果前期树冠较小，空间大。为了充分利用地力和立体空间，幼龄果树行间空白地带可进行条状局部粉垄全耕，深度30～50cm。可在幼龄果园套种花生、黄豆、西瓜、红薯、蔬菜等低秆农作物或喜光中药材。这样既能充分利用果园的土地空隙，提高土地利用效率，保持水土、培肥地力、抑制杂草，又能解决幼龄果园前期只有投入没有产出的难题，实现了农业生产中的“以短养长”。

（四）减龄果树行间条状局部粉垄全耕

一般果树生长3～5年后，行内已形成较荫蔽的环境，即成为成龄果园。此时果园透光率一般较低，为充分利用果园土地，提高土地利用效率，成龄果园可选择套种喜荫或耐荫的农作物或中药材（图5-52、图5-53）。

图5-52　幼龄果树行间条状局部粉垄全耕　　图5-53　幼龄果树行间粉垄后套种小米

套种作物前，在不刮碰果树枝条的前提下，可利用粉垄机械进行果树行间条状局部粉垄全耕作层的整地作业。

（五）果树行间保护性底层松土耕作

在果树行间，为不伤害原有植被，同时也避免粉垄耕作尘泥飘逸、水土流失等不利影响，利用粉垄专用耕作工具深入果树行间底层土壤区域（12～30cm）旋耕碎土，建立“土壤水库”。这样既可减少耕作能耗，降低生产成本，又可减少土壤扰动，增强保护性耕作性能。而且果园行间底层土壤活化，贮存的天然降水数量多，土壤氧气、微生物数量增加，可适当减少化肥、农药施用量和灌溉用水量，达到绿色生态生产目的。

2016年，中国科学院在河北栾城核桃园果树行间粉垄40cm，2018年5月27日经专家测定，粉垄核桃树树干平均直径11.25cm，比对照增加21.09%；核桃果平均果重比对照增加6.3%（图5-54）。

图5-54　粉垄种植核桃

第六章 粉垄农业之2021年

第一节 创建粉垄农业技术体系

历经10多年的研究，至2021年，在总结原有的研究与实践的基础上，为推行倍数增用土壤、天然降水、空气、温度、太阳光能“五大自然资源”，服务于增粮、保水、减灾、生态的“粉垄农业”，创建了新的农业生产技术体系——粉垄农业技术体系。

粉垄农业技术体系包括粉垄农机装备——以螺旋型钻头、空心型钻头等耕具装备履带式粉垄机、牵引式粉垄机、悬挂式粉垄机；粉垄耕作模式——全层耕、侧底层耕、间隔性条带耕等；耕作方法——稻田、旱地分别粉垄深25cm、35cm，盐碱地轻度粉垄1次、中度2次、重度3～5次；粉垄栽培法——稻田粉垄“三保”（水、肥、土）节肥栽培法（稻田旱、水粉垄耕作移栽、直播等适减化肥栽培），旱地雨养（节水）栽培法，耕种和休耕交替间隔耕作与栽培法（窄行粉垄整地，宽行休耕，两年或多年后宽行、窄行交替轮换）。

粉垄农业技术体系完全有别于传统农业——耕作，拖拉机犁翻耙碎或卧式浅旋碎土；耕层构建，翻耕、深翻的生土容易上翻，卧式旋耕耕层浅薄；栽培，传统耕作依靠灌溉、化肥、农药和塑料薄膜。

粉垄农业技术体系被誉为超级“藏粮”与“减灾”的农耕技术。它的“超级”在于：第一，人类赖以生存的粮食“制造者”的土壤、天然降水、空气、温度、太阳光能“五大自然资源”，在现有农耕农业利用的基础上，又获倍数增加的再利用，促进农业新一轮增产、提质、保水、减灾、降碳和可持续发展，是人类最值得庆贺的大事之一；第二，自然性增粮，经中国广西、新疆、西藏等28个省份近50种作物的应用，不增加肥、水和农药及生产成本，耕地增产10%～50%、品质提升5%；第三，可物理性改造盐碱地，重度盐碱地改造可使作物增产40%～100%；第四，耕地增贮天然降水1倍以上，为人类再度利用雨水、雪水提供条件；第五，农业“化学品”得以减用，可减用化肥和农药10%以上，薄膜等“化学品”部分减用，仍使农业丰产；第六，已被污染的土壤可以部分“自净”，如重金属污染降低（大米镉含量大幅降低），达到了其他化学手段所无法达到的物理效果；第七，以自然之力消减自然灾害，洪涝和干旱及高温、低温等各种自然灾害减少20%以上，降碳10%左右，地面湿度提升10%以上，为人类在地球上生活提供良好的生态环境；第八，在应用上无生态区域和作物品种的明显限制，在中国低纬度的海南到高纬度的新疆、黑龙江，在低海拔的广西北海到高海拔的西藏日喀则，在稻田和旱地甚至盐碱地等，以及几乎所有农作物及部分中药材品种都可应用。为此，粉垄技术2021年3月荣登了美国纽约时代广场纳斯达克大屏；“粉垄超级‘藏粮’与‘减灾’有望跻身世界主流技术”一文，已在中国日报网等几十家网媒亮相。

第二节　稻田水层粉垄耕作与栽培

螺旋型钻头的粉垄机械一般应用于旱地和干水稻田粉垄耕作。

2020年，由广西粉垄科技发展有限公司研制的拖拉机悬挂牵引驱动的两刀钻粉垄机，在广西南宁市、玉林市、贵港市等进行稻田有水层粉垄耕作。拖拉机160马力、悬挂2.5m耕幅的两刀钻粉垄机，粉垄耕作深度28～30cm，每小时耕作约6亩（图6-1）；粉垄耕作一次后，第二年调查，其稻田耕作层仍保持在26cm（图6-2）。由此表明：粉垄耕作机械的改进拓宽了稻田有水层粉垄耕作的应用范围，为促进稻田一年两季（双季稻）的粉垄耕作和提升稻田生产能力提供了新的技术支撑。

图6-1　两刀钻粉垄机在稻田作业

图6-2　2021年4月13日调查稻田粉垄区耕作层厚26cm（对照为15cm）

一、人工插秧栽培

在南宁市石埠街道永安村，2020年7月，稻田收完早稻后进行有水层粉垄耕作（简称粉垄水耕），同一块田设有粉垄耕作和传统耕作2个区域，2020年10月经专家验收，粉垄水稻亩产507.1kg，比传统耕作（444.9kg/亩）增产62.2kg/亩、增幅为14.0%（图6-3）。

图6-3 稻田粉垄水耕第1年晚稻效果比较

2021年为粉垄后第二茬，4月13日调查显示，稻田耕作层厚度保持在26cm（对照为15cm）；种植水稻，2021年7月经专家验收，粉垄水稻亩产675.5kg，比对照（616.8kg/亩）增产58.7kg/亩、增幅为9.5%（图6-4、图6-5）。

图6-4 稻田粉垄水耕第2年早稻效果比较

图6-5 专家对稻田粉垄水耕第2年早稻进行现场验收

二、机插栽培

在广西北流市大里镇稻田粉垄（两刀钻粉垄机粉垄耕作松土约20cm，而传统耕作松土约15cm）后机械插秧（图6-6），经国家杂交水稻工程技术研究中心、广西农业农村厅等单位的专家作现场机械收获验收，结果显示粉垄平均亩产稻谷436.6kg，比对照每亩增产21.8kg、增幅为5.3%。

2021年晚季，在北流市塘岸镇稻田粉垄后机械插秧，经专家现场机械收获验收，结果显示粉垄平均亩产稻谷411.7kg，比对照每亩增产75.1kg，增幅为22.3%（图6-7～图6-9）。

图6-6　稻田粉垄机插现场

图6-7　稻田粉垄机插与常规机插水稻植株和根系表现

图6-8　稻田粉垄机插与常规机插水稻长势比较

图6-9　专家对稻田粉垄机插与常规机插水稻进行现场验收

三、直播栽培

2021年7月，在广西北流市塘岸镇进行粉垄稻田水耕作业，水稻种子催芽后直播（图6-10）。采用半机械化直播，每人每天可直播播种15～20亩。播种前进行催芽（露白）和防鸟药物包衣，其他除草、施肥、水分管理按常规进行（图6-11～图6-13）。

图6-10　稻田粉垄直播与传统耕作直播

图 6-11　稻田粉垄直播与传统耕作直播水稻出苗

图 6-12　稻田粉垄直播（右）与传统耕作直播（左）水稻植株和根系表现

图 6-13　稻田粉垄直播与传统耕作直播水稻大田效果比较

第三节　稻田粉垄后第5年至第8年耕作层与水稻生长状况

一、稻田粉垄后第5年

湖南沅江于2016年稻田粉垄，直播水稻亩产821.6kg，比对照649.3kg/亩，增产172.3kg/亩、增幅为26.54%（图6-14、图6-15）。

图6-14　湖南沅江2016年粉垄水稻与传统耕作水稻植株效果比较

图6-15　湖南沅江2016年粉垄水稻与传统耕作水稻田间长势效果比较

2021年为粉垄后第5年，5月4日调查显示，粉垄稻田耕作层厚度仍保持在30cm（对照为20cm左右）。水稻苗期，粉垄根系仍然发达；生长中期，水稻长势明显优于对照（图6-16、图6-17）。

二、粉垄后第8年

湖南隆回县羊古坳镇是当年袁隆平院士杂交水稻亩产900kg的冲关点。2014年4月，由广西农业科学院委托广西五丰机械有限公司派出粉垄机械进行粉垄耕作，深度30cm左右，当年种植杂交水稻，经验收，亩产达782.5kg，比对照亩增156.5kg、增幅为25%（图6-18～图6-23）。

2021年为粉垄后第8年，5月8日经湖南隆回县羊古坳镇农业技术服务站调查，稻田耕作层厚度仍保持在40cm，比对照增厚10cm以上，种植水稻长势良好（图6-24～图6-27）。

图6-16　湖南沅江2021年粉垄第5年水稻与传统耕作水稻植株根系比较

图6-17　湖南沅江2021年粉垄第5年水稻与传统耕作水稻田间生长效果比较

图6-18　湖南隆回县羊古坳镇2014年粉垄（深度32cm）与传统耕作（深度15cm）比较

图6-19　湖南隆回县羊古坳镇2014年粉垄与传统耕作水稻前期长势比较

图6-20　湖南隆回县羊古坳镇2014年粉垄与传统耕作水稻植株长势比较

图6-21　湖南隆回县羊古坳镇2014年粉垄与传统耕作水稻穗粒及茎鞘厚度比较

图6-22　2014年农业部专家考察湖南隆回县羊古坳镇粉垄与传统耕作水稻长势

图6-23　2014年专家验收湖南隆回县羊古坳镇粉垄水稻

图6-24　湖南隆回县羊古坳镇2021年第8年粉垄（稻田耕作层厚40cm）与对照（30cm）

图6-25　湖南隆回县羊古坳镇2021年第8年粉垄与对照水稻秧苗比较

图6-26　湖南隆回县羊古坳镇2021年第8年粉垄与对照水稻生长前期比较

图6-27　湖南隆回县羊古坳镇2021年第8年粉垄与对照水稻抽穗效果比较

2021年9月9日，湖南隆回县羊古坳镇农业技术服务站自行组织专家测产，粉垄第8年稻田折亩产干谷781.1kg，对照亩产630.6kg，粉垄比对照亩增产150.5kg、增幅为23.9%（图6-28）。

图6-28　湖南隆回县羊古坳镇2021年第8年粉垄效果比较（左）及测产现场（右）

第四节　甘蔗粉垄“145”模式与成效

一、甘蔗粉垄“145”模式的背景与内涵

甘蔗粉垄“145”模式是粉垄新植1年、宿根4年、5年每亩累增原料蔗5t。这是总结10多年来在广西各地进行粉垄种植甘蔗所取得的经验，以及考虑到目前广西甘蔗全程机械化程度低，需要投入大量的人工成本；甘蔗种植地连作年限少的已持续8～10年，多的已经达20～30年，地力下降，不利于甘蔗产业持续发展而提出来的（图6-29、图6-30）。

图6-29　甘蔗粉垄“145”模式粉垄窄行、免耕宽行的田间布局

图6-30　农业农村部相关领导等考察甘蔗粉垄“145”技术现场

“145”技术具体空间布局为粉垄种植带宽度为90cm（双行种植），宽度120～160cm区域为休耕。如此布局，有利于采光、通风、抗倒，并利于田间机械化除草、剥叶、收割及宿根侧底层耕，这是一个科学性极强的甘蔗种植创新模式（图6-31～图6-34）。

图6-31 粉垄“145”模式机种甘蔗与传统深耕深松机种甘蔗效果比较

左图：粉垄“145”模式机种甘蔗，种茎以下有20～30cm松土层；

右图：传统深耕深松机种甘蔗，种茎以下几乎是犁底层

图6-32 粉垄“145”模式与传统耕作甘蔗苗期长势比较

图6-33 粉垄"145"模式与传统耕作甘蔗中期长势比较

图6-34 粉垄"145"模式宽行春季套种西瓜、秋季套种玉米

二、创造以减轻"三旱一低"制约和利于全程机械化的技术模式

甘蔗粉垄"145"模式按照上述"145"技术要求，窄行种植带粉垄宽90cm、深40～50cm，60%肥料作基肥深施，天然降水较传统耕作增储1倍，土壤中的氧气量增加1倍，土壤微生物含量增加1倍，使甘蔗从苗期到成熟期获得肥水营养均衡供给，从而达到甘蔗良好生长、丰产；宽行免耕部分120～160cm，作为除

草、松土、培土、施肥一体机和后期剥叶机械的作业通道，减少除草剂等农药施用，又可大大减少人工投入（图6-35、图6-36）。

图6-35 甘蔗粉垄"145"模式配套的除草、松土、培土、施肥一体机作业现场

图6-36 甘蔗粉垄"145"模式配套的除草、松土、培土、施肥一体机作业效果

三、"145"模式利于甘蔗机械化采收又便于宿根甘蔗侧底层耕

"145"模式甘蔗种植带每亩300多米，使用专用的整秆式平切甘蔗收割机，双轮（履带）处于甘蔗种植带两侧，既能平切蔗桩（减少破裂），又可避免碾压宿根蔗蔸，而且能减少机械采收长度（传统种植甘蔗每亩要收割500m左右）（图6-37、图6-38）。此外，宿根甘蔗的丰产关键是早出苗、出多苗、成茎率高。基于"145"模式的甘蔗宿根易于侧底层耕，还可以配套深层施肥，宿根蔗出苗率增加30%以上，为宿根蔗生长年限从3年延长到4年或更长时间提供了新的技术支撑（图6-39～图6-42）。

图6-37 甘蔗粉垄"145"模式整秆收割机收割作业现场

图6-38 甘蔗粉垄"145"模式整秆收割机收蔗后的蔗蔸（平切无损）

图6-39　甘蔗粉垄“145”模式机收后对宿根蔗粉垄侧底层耕作业效果

图6-40　甘蔗粉垄“145”模式宿根蔗粉垄侧底层耕出苗效果

图6-41　甘蔗粉垄“145”模式宿根蔗粉垄侧底层耕与传统耕作宿根蔗出苗效果比较

图6-42　甘蔗粉垄“145”模式宿根蔗粉垄侧底层耕与对照甘蔗长势比较

四、甘蔗粉垄“145”模式耕作机械研发成功

针对此前螺旋型钻头履带整机需要300马力以上方能耕作，制造成本高、耕作效率低、影响甘蔗粉垄种植推广的现实问题，广西粉垄科技发展有限公司已经研发出耕作阻力小、制造成本合理的“两刀钻”悬挂式粉垄耕作机，由160～200马力拖拉机牵引带动粉垄耕作，每台机在广西蔗区在老蔗地经一犁一耙（将蔗蔸打烂）后，按照“145”模式布局，每天可耕作50亩以上，且耗油每亩在20元左右；现正在研发200～260马力粉垄整机，每天可粉垄80～100亩。这将为有效推动广西甘蔗粉垄“145”模式快速发展提供支撑。

五、广西2021年甘蔗粉垄“145”模式取得的成效

广西宾阳县联发农作物种植专业合作社“145”模式示范点于2020年5月1日种植甘蔗，实收原料蔗亩产达6t以上。2021年扩大了1400亩，甘蔗长势优势明显，广西糖业发展办公室和糖业协会领导作了现场考察，广西相关制糖企业领导和专家共130人前往观摩与培训。该合作社负责人介绍，2021年甘蔗粉垄“145”模式每亩肥料和人工投入分别减少100元，亩产有望达到8t以上（图6-43、图6-44）。

图6-43　广西糖业发展办公室和糖业协会领导率广西相关制糖企业负责人考察甘蔗粉垄“145”模式

图6-44　广西糖业发展办公室和糖业协会领导仔细观察粉垄“145”模式甘蔗植株和根系

广西农业科学院里建试验基地“145”模式示范点于2020年5月23日粉垄后种植甘蔗，2021年3月6日经专家实收验收，甘蔗粉垄“145”模式比常规耕作每亩增产1.43t、增幅为38.3%，比深翻旋耕每亩增产0.73t、增幅为16.7%（图6-45、图6-46）。

图6-45　甘蔗粉垄“145”模式与深翻旋耕效果比较

图6-46　甘蔗粉垄“145”模式与深翻旋耕、常规耕作效果比较

第五节　旱地粉垄第4年雨养节水栽培表现

在河北省沧州市盐山县，2018年旱地粉垄耕作深度40cm左右，实行零灌溉，每亩节水300多立方米，2019年6月1日，经过河北盐山农业农村局等单位的专家测产验收，粉垄零灌溉种植的小麦平均亩穗数45.5万穗，比粉垄常规灌溉亩增穗数8万穗，增加21.33%；比拖拉机深松耕作常规灌溉亩增穗数8万穗，增加21.33%；比拖拉机旋耕耕作常规灌溉亩增穗数10.5万，增加30%；最终增产27.6%（图6-47～图6-49）。

2019年11月，第二茬零灌溉种植的玉米亩产654kg，比深松整地并灌溉的玉米亩产592kg，亩增62kg，增幅为10.47%；第二年红薯增产20%以上。

图6-47　河北粉垄小麦零灌溉与其他处理比较

图6-48　河北粉垄小麦零灌溉（右）与粉垄常规灌溉（左）效果比较

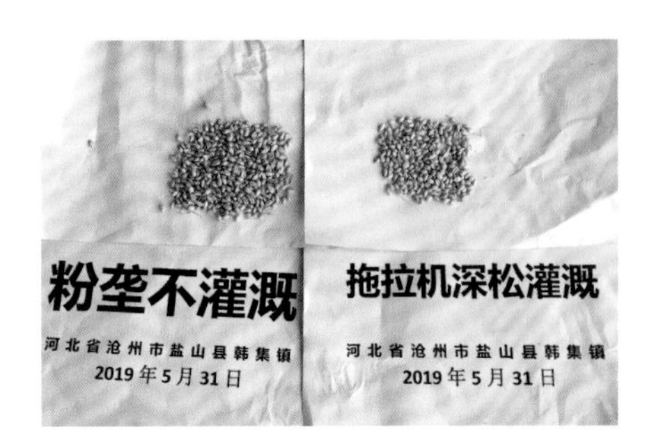

图6-49　河北粉垄小麦籽粒零灌溉与拖拉机深松灌溉效果比较

粉垄后第4年（2021年）第5茬节水小麦平均每亩穗数47.06万穗，对照为44.02万穗/亩，粉垄比对照增加3.04万穗/亩、增幅为6.9%；小麦平均产量466.69kg/亩，对照为395.5kg/亩，粉垄比对照亩增71.19kg、增幅为18%（图6-50、图6-51）。

图6-50　河北2021年粉垄第4年（2017年粉垄）的小麦苗期与常规耕作比较

图6-51　河北2021年粉垄第4年（2017年粉垄）的小麦成熟期与旋耕耕作比较

第六节　旱地粉垄第5年小麦种植表现

河南省兰考县堌阳镇范家寨村有两片经过一次深翻整地之后的耕地和盐碱地，2016年10月利用粉垄机再进行粉垄耕作35～40cm。2017年5月26日，经河南农业大学、河南省农业厅等单位的专家测产，盐碱地深翻后再粉垄种植的小麦平均亩产607.9kg，比对照小麦562.4kg/亩增产45.5kg/亩、增产率为8.1%

（图6-52，图6-53）；耕地深翻后再粉垄种植的小麦平均亩产619.5kg，比对照小麦557.9kg/亩增产61.6kg/亩、增产率达11.04%。

图6-52　河南兰考盐碱地深翻后粉垄小麦与对照孕穗期效果比较

图6-53　河南兰考盐碱地深翻后粉垄小麦与对照成熟期效果比较

2019年9月16日，河南兰考县农业农村局专家对“粉垄后第4年玉米种植”项目进行测产验收，粉垄亩产821.6kg，比对照亩增128.5kg、增幅为18.5%。

2021年3月11日，经现场调查，粉垄一次后第5年种植小麦的耕作层仍保留在30cm左右（图6-54）。2021年6月4日，经兰考县农业农村局等单位的专家测产验收：盐碱地深翻后粉垄一次后2020～2021年度种植的小麦平均亩产529kg，对照（盐碱地深翻后旋耕）平均亩产481kg，粉垄比对照每亩增加48kg、增幅为9.98%；耕地深翻后粉垄一次2020～2021年度种植的小麦平均亩产543kg，对照（耕地深翻后旋耕）平均亩产492kg，粉垄比对照亩增51kg、增幅为10.37%（图6-55、图6-56）。

图6-54　河南兰考粉垄第5年耕作层（30cm）比对照（20cm）增厚10cm

图6-55　河南兰考粉垄第5年小麦苗期仍占优势

图6-56　河南兰考粉垄第5年小麦植株优势

第七节 重度盐碱地粉垄两次第6年棉花种植表现

在新疆库尔勒市尉犁县东干渠有200亩重度盐碱地，2015年粉垄一次后2016年再进行第二次粉垄耕作，深度在40cm左右。2019年为粉垄两次后的第4年，种植棉花，9月10日经中国农业科学院、中国科学院、石河子大学等单位的专家现场验收，“粉垄改造新疆重度盐碱地第4年棉花高产示范”项目中粉垄亩产棉籽412.43kg，比对照226.98kg/亩增产185.45kg/亩、增产率81.7%（图6-57、图6-58）。

图6-57 新疆尉犁县重度盐碱地粉垄棉花铃数多、个头大（左），粉垄土壤多数呈颗粒状

图6-58 新疆尉犁县重度盐碱地粉垄棉花与对照植株比较

2021年，据粉垄改造两次的200亩重度盐碱地主人李强介绍，粉垄后第6年棉花明显比对照好，预计亩产棉籽在500kg以上（图6-59）。

图6-59　新疆尉犁县重度盐碱地2021年粉垄第6年（2016年粉垄）棉花（左）与对照（右）田间长势

第八节　西藏盐碱地粉垄青稞表现

西藏山南市农业技术推广中心承担的“以山青9号为主的青稞新品种粉垄栽培增产增效技术示范”项目，2021年首次在山南市扎囊县扎其乡藏仲村的盐碱地利用广西粉垄科技发展有限公司研制的两刀钻粉垄机械进行粉垄耕作，深度在35～40cm，按当地常规种植管理青稞。2021年8月3～5日，由西藏自治区农牧科学院农业研究所、西藏农牧学院、扎囊县农业农村局等单位组成的第三方验收专家组进行现场测产验收，结果显示：粉垄改造盐碱地每亩经济产量215.82kg，比常规耕作增产60.18kg/亩，增幅为38.67%（表6-1，图6-60～图6-62）。

表6-1　扎囊县扎其乡藏仲村盐碱地粉垄与常规耕作青稞产量比较

处理	植株高度/cm	经济产量			生物产量		
		种子产量/kg	种子含水量/%	折合亩产/kg	秸秆产量/kg	麦麸产量/kg	折合亩产/kg
粉垄耕作	82.15	370.55	22.96	215.82	246.3	108.34	156.97
常规耕作	50.53	236.84	29.53	155.64	152.15	83.39	134.39
粉垄比常规增加比例	62.58%			38.67%			16.80%

注：植株高度测定时间为2021年7月12日，测产时间为8月4日

图6-60　西藏两刀钻粉垄耕作效果

图6-61　西藏两刀钻粉垄耕作改造盐碱地种植青稞效果

图6-62　西藏相关领导和专家现场考察粉垄改造盐碱地种植青稞

扎囊县扎其乡藏仲村土壤为黏土，粉垄栽培青稞每亩经济产量239.00kg，比常规耕作增产34.39kg/亩，增幅为16.81%。

经取样检测分析（表6-2），盐碱地粉垄后0～20cm土层钠离子含量比常规耕作下降了36.71mg/kg、降幅为19.1%，可溶性盐含量下降了0.10g/kg、降幅为10.87%，20～40cm可溶性盐含量增加0.05g/kg、增幅为6.17%。由此表明：两刀钻粉垄机械在高原地区耕作后，0～20cm土壤盐分下沉到20～40cm区域，实现了0～20cm耕作层的物理性降盐。

表6-2　西藏山南市粉垄盐碱地化学性质变化情况

处理	土层/cm	pH	碱解氮含量/（mg/kg）	速效磷含量/（mg/kg）	速效钾含量/（mg/kg）	钠离子含量/（mg/kg）	可溶性盐含量/（g/kg）
常规耕作	0～20	8.56	46.48	17.06	40.17	191.75	0.92
粉垄耕作	0～20	8.59	50.96	11.66	36.03	155.04	0.82
常规耕作	20～40	8.74	57.57	7.52	43.47	139.92	0.81
粉垄耕作	20～40	8.77	42.53	6.08	36.86	242.77	0.86
粉垄较常规增加量	0～20	0.03	4.48	−5.40	−4.14	−36.71	−0.10
粉垄较常规增加量	20～40	0.03	−15.04	−1.44	−6.61	102.85	0.05
粉垄较常规增加比例	0～20	0.35%	9.64%	−31.65%	−10.31%	−19.14%	−10.87%
粉垄较常规增加比例	20～40	0.34%	−26.12%	−19.15%	−15.51%	73.51%	6.17%

注：取样地点为西藏山南市扎囊县扎其乡藏仲村，检测单位为广西农业科学院农业资源与环境研究所

第九节　西藏耕地粉垄青稞表现

西藏山南市农业技术推广中心承担的“以山青9号为主的青稞新品种粉垄栽培增产增效技术示范”项目，于2021年在山南市乃东区昌珠镇克麦社区的砂壤土耕地进行粉垄耕作与栽培。2021年8月3～5日，由西藏自治区农牧科学院农业研究所、西藏农牧学院、扎囊县农业农村局等单位组成的第三方验收专家组进行现场测产验收，结果显示：粉垄砂壤土耕地每亩经济产量368.78kg，比常规耕作增产74.78kg/亩、增幅达25.44%；秸秆亩产量783.76kg，比常规耕作637.44kg/亩增产146.32kg/亩、增幅为22.95%。

据了解，西藏自治区党委和政府明确青稞每亩增产计划目标为25kg。上述粉垄耕作耕地和盐碱地使青稞的增产率达到这个计划目标的2～3倍；同时青稞秸秆也增产20%以上，可有效解决西藏人口粮食和牲畜饲料短缺的问题。由此表明粉垄耕作对促进高原地区农业发展意义非凡。

2021年5月，由吉林省援藏驻日喀则市有关机构从广西粉垄科技发展有限公司购进2.5m耕幅的两刀钻悬挂式粉垄机，首次在日喀则市江孜县新开荒乱石非耕地进行粉垄种植青稞。2021年8月13日传来的对比照片显示，粉垄青稞明显比传统耕作的效果好，主要表现：一是粉垄青稞根系特别发达，毛根多，根系数量和长度比传统耕作多出50%以上；二是有效穗多，且穗大粒多；三是植株叶片紧凑、挺直、增厚。11月4日经测产，粉垄青稞亩产199.6kg，比对照（拖拉机耕作）163.6kg/亩增产36.0kg/亩、增幅为22.0%（图6-63～图6-65）。

图6-63　西藏日喀则粉垄耕作与传统耕作土壤剖面

图6-64　西藏日喀则粉垄耕作与传统耕作青稞植株和根系比较

图6-65　西藏日喀则粉垄耕作与传统耕作青稞验收

第十节　粉垄农机新装备

粉垄农业技术体系推广应用的关键环节在于粉垄农机装备的应用。粉垄农机装备制造成本低、耕作效率高、油耗成本低，是快速高效推行粉垄农业的基础。

一、螺旋型钻头履带式和牵引式粉垄整机

10多年来，广西五丰机械公司等企业利用韦本辉等发明的螺旋型钻头等耕作工具，装配履带式和牵引式粉垄整机，为粉垄农机装备在全国各地的示范推广发挥了重要作用（图6-66、图6-67）。

图6-66　广西五丰机械公司利用螺旋型钻头装备的系列粉垄耕作机

图6-67　河北宣工机械发展有限责任公司利用螺旋型钻头装备770马力粉垄耕作机械

二、两刀钻悬挂式等新型粉垄机

为了改变粉垄机械制造成本相对较高、耕作效率相对较低的局面，2018年以来，韦本辉和广西粉垄科技发展有限公司基于圆凳空心原理，发明了空心型钻头和开口型两刀钻等新型粉垄耕作工具，由于其耕作阻力小、耗能少，2021年韦本辉和广西粉垄科技发展有限公司委托有关加工企业研制了悬挂式粉垄耕作机械。目前已经取得广西农机鉴定部门颁布的产品鉴定证书，有0.9m、1.7m、2.5m等耕幅型号，可在甘蔗粉垄“145”模式和旱地、稻田等粉垄耕作中应用（图6-68～图6-71）。

图6-68 拖拉机悬挂式粉垄机（2.5m耕幅）

图6-69 拖拉机悬挂式粉垄机（2.5m耕幅）在西藏进行粉垄作业

图6-70 两刀钻悬挂式粉垄机在广西旱耕地作业

图6-71 两刀钻悬挂式粉垄机在西藏日喀则（左）、山南（右）作业

空心型钻头和开口型两刀钻等新型粉垄耕作工具是新型粉垄农机装备的核心，其耕作阻力更小、耕作效率更高，具有粉垄农机装备“芯片”地位，可装备各种类型悬挂式粉垄整机；悬挂式粉垄整机具有耕作、犁地、耙地、侧底层耕等多种功能，产业化开发就可以满足粉垄农业的发展需要。

第七章 粉垄农业构建与前景

土壤、天然降水、空气、温度、太阳光能“五大自然资源”是人类赖以生存的粮食“制造者”，也是人类可利用的最大自然源和自然力，是解决人与自然和谐共生的重要出路；农耕新方法“粉垄技术”为人类打开再倍数增加利用这“五大自然资源”之门，提供了宽广路径——它促进了农业自然性增产、提质、保水、减灾、降碳和可持续发展，是全人类的共同技术、共同财富。

粉垄农耕从零开始，其本质是一项集基础研究、应用研究和开发研究于一体的综合研究。

对粉垄农业技术，袁隆平院士称其为“农耕革命”，刘旭院士等专家认为该技术具有“原创性”，张洪程院士等专家鉴定该技术达到“国际领先水平”。因此，粉垄技术可称为“0到1”的世界级农业技术。

粉垄技术和粉垄农机装备已经成为粉垄农业技术体系的组成部分。它通过超深耕深松不乱土层的特殊耕作和倍数增用土、水、气、光等立体天地资源，挖掘土壤物理肥力（30%左右）代替部分农业施用化学肥料，能够整体盘活国土立体空间资源包括耕地、盐碱地、荒漠化土地、退化草原的增产、生态、减灾，以及间接活化利用河流、湖泊、近海水域的渔业以增加优质蛋白质食物来源，以及农业化肥施用减少、陆地天然降水增贮和生物量大量增加使空气湿度提升而间接带动陆地所有植被生物量的增长、净化环境，以及确保国民吃饱吃好、生活得更加舒适。

因此，粉垄耕作是驱动利用各种土地资源、种植制度良性变革（如甘蔗粉垄“145”模式、零灌溉节水农业、西藏高原高产农业等）、解决实际若干问题的原创性技术，减轻我国粮食对国际贸易的依赖程度，粉垄耕作的综合功能释放，将是十分难得的能够长久维系、科学解决中华民族永续高质量发展的“共性关键核心技术体系”。

第一节 为改变农业单一格局、自主保障国家粮食安全提供可能

粉垄可将现行单一格局的浅耕型耕地农业（深12～20cm）改变为国土立体

空间资源盘活科学统筹利用，可扩建“粉垄耕地+盐碱地+退化草原+边际、荒漠化土地+江河水体”的“大格局农业”，即以粉垄扩充调整“50%～60%耕地（加深至30～40cm）+盐碱地（2亿亩）+部分退化草原（10亿亩）+部分边际土地改良+荒漠化土地生态重建+江河水体活化自然养鱼利用（在全国化肥、农药减施30%～50%情况下）”的“大格局农业”，农业资源可增加30%以上、水资源增加50%以上，其高产、高质、节水、节肥、生态、减灾等综合效益可提高50%以上，新增粮食、肉类、鱼类可养活人口3亿～4亿，实现中国“一方水土养一方人”。

一、耕地粉垄深耕深松

资料显示，测量农作物土壤耕作层的试验结果非常惊人，结果得出中国耕地耕作层平均厚度只有10～15cm，一般机械耕作的耕作层厚度也只为15～18cm。因此，2019年是中国主要粮食丰产的一年，平均亩产量：水稻为471kg，同比亩增2.2kg、增幅为0.5%；小麦为375kg，同比亩增14.3kg、增幅为3.9%；玉米为421kg，同比亩增14.1kg、增幅为3.5%；大豆为129kg，同比亩增2.7kg、增幅为2.2%。2019年与1983年相比，稻谷亩增131kg、增幅为38.53%，小麦亩增189kg、增幅为101.17%，玉米亩增179.4kg、增幅为74.25%，大豆亩增43kg、增幅为50.0%。

这些数字显示，现有耕作栽培模式无法满足作物良种增产潜力的发挥，再靠施化肥、农药来“高产、超高产”必会加剧污染、加大不可持续风险。

在乡村振兴的背景下，农业机械化已进入现代化进程中。

新形势下的农业是生态农业、环保农业、绿色农业、智慧农业，机械化深耕深松技术应运而生。深松深耕打破了犁底层，降低了土壤容重和紧实度，提高了土壤总孔隙度和毛管孔隙度，更利于水分就地入渗，提高了土壤含水量和贮水量，促进了土壤养分的分解，创造了更适于作物生长的环境，从而促进了作物的增产，取得了较高的经济效益、社会效益和生态效益。

粉垄钻头可垂直入土30～50cm，一次性完成犁、耙、打等作业程序，摒弃了传统耕作犁、耙分开进行且碎土浅，深耕底层土上翻，深松上层土不粉碎等缺点。粉垄耕作加深土壤耕作层而不乱土层原有结构，全耕作层土壤粉碎均匀一致、疏松透气，可在提升我国耕地质量、促进粮食增产上大有作为。

如果将现有18亿亩耕地中的10亿亩，由现在平均耕作层16.5cm经粉垄耕作加深到平均36.5cm，活化尚未利用的犁底层及其以下的土壤资源，应用于水稻（20～25cm）、玉米、小麦等作物上，其生产能力可提升20%，按平均每亩每年增产粮食等农产品100～150kg，每年可增产粮食等农产品1000亿～1500亿kg。

二、粉垄改良旱地盐碱地

中国是盐碱地大国，有9900多万公顷盐碱地，在盐碱地面积排前10名的国家中位居第3名。

中国盐碱地分布在西北、东北、华北及滨海地区在内的17个省份，盐碱荒地和影响耕地的盐碱地总面积超过3333多万公顷，其中具有农业发展潜力的占中国耕地总面积的10%以上。由于找不到合适的改良技术，盐碱地作为一种很宝贵的土地资源被搁置在一边。

气候是形成盐碱地的关键因素之一。在我国东北、西北、华北的干旱、半干旱地区，降水量小，蒸发量大，溶解在水中的盐分容易在土壤表层积聚。夏季雨水多而集中，大量可溶性盐随水渗到下层或流走，自然脱盐。春季地表水分蒸发强烈，地下水中的盐分随地下水上升聚集在土壤表层，土壤中的盐分含量增大，再次返盐。

粉垄耕作改良盐碱地技术是利用粉垄技术的超深耕深松不乱土层、一次性完成整地任务的技术，对低度、中度盐碱地进行1～2次粉垄耕作处理，重度盐碱地经过3～5次粉垄耕作处理，不用添加“化学品”处理措施，就能使盐碱地“淡盐”而实现作物正常种植并能获得理想产量的技术。

其基本原理是通过利用螺旋型钻头、耕刀等粉垄耕具，耕作深度为40～50cm（较传统耕作加深1～2倍），高速水平性横切粉碎土壤并悬浮，土壤孔隙度大，土壤团粒结构明显改善、呈表面光滑状态，在水分淋溶和重力作用下，土壤中的盐分容易下沉；同时，土壤被高速旋磨其毛细管被切断，下沉到耕作底层的盐分不易再上移，实现土壤盐分由耕作层上层向下层迁移的“淡盐”而使土壤改良获得成功。

粉垄耕作改良盐碱地技术属于物理性、低成本盐碱地改良技术，破解了传统耕作浅耕、翻耕、深翻生土上翻、土壤块状等难以让盐碱地耕作层上层土壤盐分下沉的难题，应用前景广阔。

如果中国的盐碱地物理性改造1333万hm^2，可新增粮食600亿kg：轻度、中度类型盐碱地粉垄40cm、1次即可增产20%以上，重度类型盐碱地粉垄40cm、3～4次即可将0～20cm耕作层降盐成中度类型盐碱地，可作正常耕地利用，农作物种子能萌发、出苗，可增产50%以上。

三、粉垄改良退化草原

中国是世界上草原资源最丰富的国家之一，草原总面积将近4亿hm^2，占全国土地总面积的40%，为现有耕地面积的3倍。

20世纪60年代以来，我国草原生态系统普遍出现了草原退化现象，约有90%以上草原处于不同程度的退化之中。

导致草原退化的原因有自然因素，如长期干旱、风蚀、水蚀、火灾、沙尘暴、鼠害、虫害等，但主要的还是人为因素。

草原退化的人为因素主要包括超载放牧、采樵伐木、不合理开发利用草原资源和土地资源，以及采矿、修路等工程活动。草原退化的主要危害是：产草量下降，特别是优质草大量减少，杂草等劣质草比例增加，草原载畜量下降；与此同时，风沙及沙尘暴等灾害加剧，对更广大地区产生危害。

针对草场退化的草原，可在雨季来临前，利用专用粉垄底耕机具，耕作时不扰乱表土层（约15cm），不伤害草原植被，对表土层以下20～35cm的土层进行粉垄耕作。

底层耕不伤害草原表面原有植被，原有植被可继续正常生长，底层耕的土壤疏松透气，利于贮存天然降水而构建“地下水库”，利于牧草根系向纵深生长，从而促进牧草生长继而提高产量。利用间隔性底层耕，形成间隔性地下水库，不仅能够提高草原底层耕作效率，减少植被伤害，还可以以“共享效应”让间隔性底层耕的草原共享地下水库水资源，促进草原生态丰草。

内蒙古通辽草原粉垄全层耕试验表明当年粉垄130d后，经专家现场测产，粉垄牧草平均高度125cm，比对照增高82cm、增幅为190.70%，亩产草512.4kg，比对照增产278.5kg/亩、增幅达119.07%，相当于1亩草原拥有了2亩草原的产出量。

上述情况表明，如果我国粉垄改良退化草原10亿亩，则可变成15亿～20亿亩的肉奶产出量，这将大大增加国人的肉奶供应量，并增加牧民的收入。

四、粉垄利用边际、荒漠化土地

边际土地是指那些尚未被利用、自然条件较差，而又能产生一定生物量，有一定生产潜力和开发价值的土地，这类土地暂不宜垦为农田，但可以生长或种植某些适应性强的植物。

荒漠化是干旱、半干旱甚至半湿润地区由干旱少雨、植被破坏、过度放牧、大风吹蚀、流水侵蚀、土壤盐渍化等因素造成的大片土壤生产力下降或丧失的自然（非自然）现象。

边际土地和荒漠化土地可以通过条状性或间隔性粉垄全层耕或底层耕的耕作形式，局部条状加深土壤耕作层，改善土壤的理化性状，建立土壤水库，加快天然降水的入渗，将宝贵的降水就地贮存，并采取地膜覆盖措施，增强保墒、保水功能，就可以达到促进种植植物的生长或改善生态环境的作用。

边际土地通过条状性或间隔性粉垄全层耕或底层耕，可种植灌木林等能源植物，一方面为生产生物燃料乙醇开发用之不竭的再生纤维素生物质原料，生产国民经济急需的新能源，另一方面又可改善生态环境。许多灌木树种根系发达，具有很强的抵御干旱、抗瘠薄、抗风沙、抗盐碱及抗高温等逆境的能力。

在干旱、半干旱地区进行粉垄耕作处理，大规模发展灌木林有利于绿化祖国，减少土地沙化，改善这些地区的生态环境。例如，利用边际土地种植甜高粱，不仅可以实现不争粮、不争地，还能够改善土质。

五、粉垄活化利用河流、湖泊、近海水域发展自然性渔业

粉垄活化利用河流、湖泊、近海水域发展自然性渔业，增加鱼类蛋白质来源，对中国国民健康水平提高意义重大。

但是，粉垄活化利用河流、湖泊、近海水域发展自然性渔业是一个间接性的系统工程。

首先，从国土立体空间资源合理利用的角度，用粉垄来盘活土地资源，增加物理肥力、减少化学肥料施用数量；建立庞大的土壤水库，陆地就地增贮大量天然降水；河流、湖泊、陆地水源得以大量补充，而且这些水资源由于化肥、农药减少，处于无毒干净状态，再加上政府对河流、湖泊中鱼苗放养的投入，加上全民提高了保护河流、湖泊自然繁殖鱼类的意识，总体就实现了河流流量增加，鱼类增加，水足鱼多，河流水质和生态环境自然改善。

经测算，如果粉垄22亿亩土地资源，每亩每年增贮天然降水45m^3，则陆地每年增贮和涵养水资源1000亿m^{3}左右，可以减采地下水600亿m^3。我国各种土地资源面积大，粉垄后土壤深耕深松，加快天然降水入渗和增加水分贮存量，就能构建起庞大的“土壤水库”格局。

“土壤水库”的建立，既可供农作物生长需要，又可减缓洪涝、干旱灾害，可补充地下水资源（北方地区尤为重要），还可缓解目前及未来工业、城镇、农村与农业用水的突出矛盾。由此可见，粉垄活化资源和有效增贮天然降水，可实实在在解决经济社会发展和人口不断增长中的深层次问题。

与此同时，针对粉垄栽培作物，一方面，作物根系发达，植株健壮，减少化肥、农药施用量亦可保持增产或稳产；另一方面，粉垄耕作与栽培作物之后，在全国化肥、农药减用30%以上的情况下，在农业生产上，避免滥用或过量施用化肥、农药引发的土壤、水体面源污染，江河水体、近海水域活化自然养鱼利用，让江河湖泊休养生息，恢复生机和丰富鱼类资源，可增加1倍优质鱼类供应量。

第二节 粉垄可建立和实施“六大工程”

在我国，粉垄技术的问世，结合我国国情和发展需求，从盘活国土立体空间资源、开拓人与自然和谐发展新途径出发，可建立和实施“六大工程”。

粉垄“六大工程”以工程化形式，活化多种土地资源，减用化肥、农药，保障绿色优质食物来源，可解中国当今最大之难点、痛点。

一、建立高标准农田、地力培肥工程

国家要建设8亿亩高标准农田，利用粉垄优势，对旱地粉垄40cm、稻田28～30cm，深耕保持深松，一次性耕作土壤即呈“海绵状”，结合绿肥和秸秆还田，3～5年生产能力的提升能维持在15%～30%。

粉垄土壤符合土壤学原理，更有利于增加松土数量与提升土壤质量，可在国土开垦整治和耕地实行“休耕”制度上发挥特殊优势。

建立高标准农田，可在现有的土地开垦和治理的技术操行平台之上，加入粉垄技术元素，采用适时进行粉垄耕作30～40cm一次、播种绿肥等，再二次粉垄和绿肥还田，形成耕作层深厚、疏松和培肥地力的技术体系，就可以将新垦耕地迅速熟化，使其成为真正意义上的耕地。

地力培肥工程，在耕地“休耕”开始时进行第一次粉垄深旋耕30～40cm，使土壤疏松、保水力强、有利微生物活动、接纳天然营养物质回馈，形成良好的土壤生态环境，“休耕”结束时再结合杂草灭茬进行第二次粉垄深旋耕30～40cm，使耕地地力得以恢复或提升一至两个等级，让作物能够持续增产20%以上。

对全国10亿亩耕地实施粉垄，不仅保持较高的优质粮食产出量（平均每年每亩至少可增产粮食100kg，每年至少可增粮1000亿kg，可养活2亿多人），且农田污染状况将得到有效改善，坚持一段时期就可以实现被污染的耕地土壤得以绿色修复与培肥，全国耕地实现绿色发展。

二、建立旱地雨养、稻田环保工程

南方地区旱地甘蔗的传统种植垄松土层只有20cm左右，根系到底层硬土即开始横向分布生长，遇旱即减产，“三旱一低”（春、秋、冬旱和冬春低温）“瓶颈”制约单产提升而使多年亩产僵持在4.5t上下。粉垄深松40cm即可破解这一难题，尤其发展旱地种植甘蔗“145”模式，第1年种植，窄行0.9m粉垄深松0.5～0.6m，宽行1.2～1.6m免耕；宿根4年，5年累计亩增原料蔗5t。第二轮的“145”模式，在免耕的宽行中进行，如此交替，推动南方地区旱地可持续发展，甘蔗可每亩每年增产1t左右。

稻田黏土、壤土等类型粉垄不漏水漏肥，水、土、肥不外流而环保，零施肥仍可增产15%以上。对于粉垄干田施肥抛秧和施肥回水软土抛秧，化肥减施20%仍可增产15%以上。粉垄稻田耕作层加深重构后效3～5年，可连带使油菜、绿肥、蔬菜、马铃薯等节肥、丰产并增收15%以上，油菜、绿肥冬春开花还能开发“花海旅游”，提高农民经济收入。

对东北黑土地来说，粉垄1次可多年实施免耕或轻耕的“保护性耕作”，保土保水保肥，既能增产又可恢复黑土生态优势，应该是一种科学行为。

粉垄雨养对西北干旱半干旱地区意义更大。据实践表明，粉垄雨养种植作物，甘肃定西粉垄马铃薯增产30%～80%，陕西佳县粉垄玉米增产41%。

三、建立零灌溉“土壤水库”农业工程

粉垄为北方地区农艺重大变革带来了可能——免筑护水地埂、推广应用“粉垄耕、种一体化扩地节水节工高效技术”。

华北、西北、东北平原等北方地区旱地现行种植农艺为拖拉机旋耕或深翻耙平甚至镇压，设埂护水播种，全生育期灌溉2～3次，亩用水300m^{3}左右，占地多、耗水多、土壤紧实板结、肥料利用率低、水源又多采自地下水。可探索北方地区旱地粉垄前灌水、施基肥、不设护水地埂（提高耕地利用率）、小麦和玉米等种子浸种、深松40cm，粉垄耕作与播种、盖土同机一体化技术，零灌溉亩节水300m^3，减采地下水资源、维护地下生态。

此举不仅可使土地扩容、节水、生态、增效，耕、播同机让作物提前成熟，抢占空间、时间，还可探索由单季改为双季，倍增年内复种面积，实现种植制度的重大变革。

河北盐山县王春祥农户于2018年10月粉垄，随即种植冬小麦，在零灌溉条件下，2019年6月1日经专家验收，粉垄小麦零灌溉平均亩穗数45.5万穗，比粉垄常规灌溉亩增穗数8万穗、增加21.33%，比拖拉机耕作常规灌溉亩增10.5万穗、增加30%。据王春祥统计分析，每亩零灌溉小麦节水370.9m^3；第二茬零灌溉夏玉米，增产10.47%；2021年是粉垄后第4年，粉垄种植小麦，只浇水一次（比传统减少2次浇水、每亩节水160m^3），亩产小麦466.69kg，比传统耕作与栽培亩增71.9kg、增幅为18.21%。

如上所述，全国陆地粉垄面积如达24亿亩，可形成比全国现有耕地“土壤水库”1981亿m^3新增6750亿m^3的“耕地水库”，增幅达3.4倍，构建如此巨大的“地下水库”，不仅可以从根本上解决华北、西北和东北的地下水资源短缺形成的“大漏斗”问题，还可以实现改善江河生态的目标，江河还可以产出优质鱼类等水产品，丰富居民的餐桌和增加蛋白质来源。

四、建立高原农业增粮增饲工程

2019年以来，粉垄技术已在西藏山南和日喀则等地种植青稞、玉米等上取得成功。西藏山南2019年、2020年粉垄种植青稞，平均每亩增产青稞60kg以上、增产幅度20%以上，同时青稞秸秆增收40%以上；粉垄种植的玉米生物量增加30%以上；2021年利用粉垄技术改良盐碱地，种植的青稞产量更高。日喀则海拔4000多米，在乱石较多的地块，经机械捡出部分石块后进行粉垄耕作，相当于利用粉垄开垦优质农田，种植青稞、玉米等效果良好。

西藏、青海、四川、云南等部分高原地区利用粉垄耕作深耕深松不乱土层，活化土壤养分和创造良好的耕地水库，提高农作物的生物量和经济产量，不仅可以保障高原地区粮食安全，而且可以解决牛羊等牲畜饲料来源，增加高原地区氧气来源，意义重大。

五、建立粉垄林果和健康产业工程

粉垄条状全层耕和粉垄底层耕可应用于果树新植与幼龄期田间管理，对于提高果树单产和品质有利。全国适于粉垄耕作的缓坡林地面积大，可利用粉垄贮水和释放土壤各种养分包括多种微量元素的优势，发展包括果树、油茶、茶叶等高效经济林果产业。

适应中国健康战略——利用粉垄贮水和释放土壤各种养分包括多种微量元素的优势发展粉垄中药材产业。粉垄全层耕和条状全层耕应用于中草药种植，可提升其产量和品质，对于满足我国中药产业发展需求意义重大。

南宁市石埠镇利用粉垄耕作技术种植百部中药材，产量和品质明显提高。

中医药是中华民族人民生命安全的“保护神”。支撑中医药的重要基础是高药效的中药材，只有药材好，药才好。例如，内蒙古、甘肃、宁夏等粉垄种植黄芪、柴胡等名贵药材，前期研究表明，示范基地的药材产量高、品质好，依此可在无任何外在农药及化肥施用的情况下，发展规模化、绿色、安全、高药效的仿野生中药材产业种植，造福中国中医药产业。

六、建立减缓自然灾害工程

在华北平原、西北平原、东北平原，粉垄耕作比传统加深1～2倍，保水性能提高1倍以上，化肥、农药减少20%～30%，既能保证农业增产，又可改善生态环境，更可减少雾霾灾害发生。

粉垄农业可保水、增湿、节肥等，减少农田干燥扬尘和气体污染物如氮氧化物、氨气等相结合形成细颗粒物，从而可减缓雾霾灾害。

采用粉垄建造“海绵”城市绿地，既可集聚城市部分雨水、减少内涝，又可减少绿地日常管理用水量，且绿地土壤疏松，还能吸纳空气中的污染物，一举多得。

更重要的是，粉垄可建立庞大的土壤水库，自然降水贮于土壤之中，土壤具水库调节功能，可减少流域性洪涝、干旱灾害，也可减少地下水超采带来的危害。

七、建立粉垄农业大数据工程

粉垄一次性作业可同时完成耕作和播种、施肥等任务，可借助“北斗”卫星导航和相关数据收集应用，形成农业大数据，为国家宏观管理农业、指导农业服务。

第八章 “粉垄学”（粉垄大科学）创立的可能

文明源于农耕。历时10多年，我们从“0到1”再由“1到N”，在世界上发明了立式系列“钻头”和“板犁”新型耕具与农耕新方法“粉垄技术”；同时，对其进行基础、应用、开发“三位一体”的研究，形成了基于“超深耕深松不乱土层”、多种粉垄耕作模式和活化再度利用土壤、天然降水、空气、温度、太阳光能“五大自然资源”的“粉垄理论”；至今为止，基于立式系列“钻头”和“板犁”新型耕具及农耕新方法“粉垄技术”与“粉垄理论”，完成创建了完整版的“粉垄农机＋粉垄耕作＋粉垄栽培”的粉垄农业技术体系。

粉垄农业技术体系简单易行，可替代现行农业生产技术模式，已在广西、西藏、新疆等28个省份的水稻、玉米、小麦等50余种作物上应用，证实其可以在多区域、多作物上增产增效，不需要额外增加化肥、农药及人工灌溉等投入就能使耕地作物增产10%～50%、品质提升5%，盐碱地改造增产20%～100%，保水量增加1倍左右。

理论指导实践，实践丰富理论。粉垄农业技术体系的建立及其广泛推广应用，必须相应建立“粉垄大科学”的一整套科学理论。这就是我们提出要建立“粉垄学”（粉垄大科学）的必要性和可行性。

第一节　粉垄及建立“粉垄学”（粉垄大科学）的基础

土壤和土壤微生物及其地面天然降水、空气、温度、太阳光能“五大自然资源”，既是粮食和其他农产品的直接“制造者”，又是人类赖以生存的根本自然要素。

“五大自然资源”是人类生存与发展的物质基础，也是自然科学研究的主要对象和人类永恒利用的“立体空间资源”。粉垄耕作与粉垄栽培对“五大自然资源”的利用，从理论和实践上，较传统耕作已经达到倍数或大幅度活化增加利用，将是未来人类在自然界获得的最大自然恩赐和自然财富的主要来源。

“粉垄理论”和粉垄大科学的核心与本质，就是在现有耕作利用上述“五大自然资源”的基础上，再度倍数或大幅度活化增加利用，是人类不需要增加投入成本就能获得自然的额外恩赐；从科学角度而言，是通过农耕方式变革，就能驱动农业科学和自然科学的整体性的深化研究与良好产出。因此，“粉垄理论”为建立“粉垄学”（粉垄大科学）提供了良好的基础。

1. 在农耕科学理念上

现行农业主要靠良种及配套使用大量的化肥、农药、农膜、激素和水利灌溉用水，几十年来过度使用上述“化学品”，人们已经认识到耕地土壤和水体等受到“化学品”的污染，粮食和其他农产品也受到污染，国民健康也受到影响。粉垄耕作与粉垄栽培改变现行农业更多依靠“化学品”（化肥、农药、农膜等）和水利灌溉等而仍呈“天花板”的增产格局，现在转向充分利用犁底层土壤资源和深层施肥等，倍数增用土壤及地面天然降水、空气、温度、太阳光能“五大自然资源”，可实现农业自然增粮和保水、减灾及降碳等。

2. 在耕作制度上

耕作制度将发生重大变革。粉垄耕作改变现行农业的一年（季）拖拉机犁翻或旋耕耕作方式，实行“超深耕深松不乱土层”（较传统耕作加深1倍或1倍以上）的一年（季）粉垄“立钻”耕作或一年（季）粉垄“板犁”耕作。在此基础上，各地可因地制宜，粉垄耕作1次之后可2～3年实行轻耕或免耕，或粉垄耕作之后实行“板犁”侧底层耕；或1年双季耕作可实行粉垄与侧底层耕交替使用。

3. 在耕作方式上

耕作方式多样性且更为科学。粉垄耕作可使耕作实现多样性、经济性、科学性。粉垄改变现行耕作层全层翻耕乱土层模式，因地因需制宜，采用全层耕、间隔性全层耕、保护性底耕、保护性侧底层耕等新型耕作方式。

4. 在栽培方法上

栽培方法多样性且更为简便科学。改变现行的较多依靠“化学品”和水利灌溉的耗资源型等栽培方式，实行节水型“雨养”栽培（如华北平原可先漫灌湿土粉垄后作物全生育期零灌溉或少灌溉）、适减“化学品”生态栽培（适当减少化肥、农药、农膜等用量）、节耕减工经济栽培（粉垄后免耕、轻耕和适当减少化肥、农药、农膜等用量及机械化）、耕休相间地力提升栽培（如甘蔗粉垄“145”模式几年后种植带与休耕区域互换种植）、宿根保护性侧底层耕栽培（宿根甘蔗在收获后侧底层耕兼深施肥）、先粗耕苗期底耕栽培等（如玉米、棉花等条种作物苗期底耕兼深施肥）等。

5. 在土地资源利用上

土地资源被全面科学活化与优化利用。基于粉垄“超深耕深松不乱土层”和“保护性底耕”的两大耕作理念及对土壤有害物质有一定“自净”功效，利用系列“立钻”和“板犁”耕具，对土地资源中的现有耕地和尚未完全利用的盐碱地、退化草原、荒漠化土地、果园、林地（宜耕部分），以及“化学品”污染和重金属农田等，可全部或部分活化与优化利用，极大丰富农业资源来源。

6. 在国土立体空间资源利用上

国土立体空间资源将被全面科学活化有效利用。如果上述土地资源利用到位，国土立体空间资源的优化与利用将发生重大变化：①土地资源活化利用区域的陆地天然降水增贮1倍左右，可减少干旱、洪涝灾害及地下水资源的抽用；②陆地天然降水增贮1倍左右，加之农业“化学品”的适减效应，对促进江河水体及近海区域渔业发展、增加国民鱼类食品来源有利；③空气湿度尤其是北方地区空气湿度提升，对促进植被生长、改善生态和宜人生活环境有利；④国土立体空间资源整体活化与优化进入良性循环利用，可助力国家安全、民族安全。

7. 在“种子与耕地”问题的科学理念上

中央明确农业增长靠“种子和耕地”。对于“粉垄农业”，从社会经济学方面来看，可减少农业劳动力投入、促进社会和谐；从行政角度来看，可使国家治理农业更简单、更轻松，等等。粉垄农业技术体系完整版成果的应用，其产生的上述结果及其内涵与外延效应，应该说可在一定程度上或大体上得到较好的回应与落实。

第二节 创立“粉垄学”（粉垄大科学）的研究方向及学术意义

粉垄技术研究历时10多年，取得的技术成果可以说是基础研究、应用研究、开发研究等“三位一体”的创新成果，形成了“粉垄农机＋粉垄耕作＋粉垄栽培”的粉垄农业技术体系；该技术体系不仅可替代现行农业，还可以活化利用现有耕地的犁底层及其以下土壤资源，活化改造尚未完全利用的盐碱地，活化改造尚未完全利用的荒漠化土地；陆地增贮天然降水和酌减农业“化学品”用量，还可以活化江河水体渔业，总体可以构建“耕地＋盐碱地＋退化草原（畜牧业）＋江河水体（渔业）”的大格局农业。

“粉垄理论”催生“粉垄大格局农业”，“粉垄大格局农业”的出现相应地还具保水、减灾、降碳、生态等功能，这就是开展“粉垄学”（粉垄大科学）研究的缘由所在。

要实现“粉垄大格局农业”及其保水、减灾、降碳、生态等功能，“粉垄学”（粉垄大科学）需要研究的学术问题多。

一、“粉垄学”（粉垄大科学）的研究方向

1. 粉垄耕作与资源活化利用的科学原理

水土资源是农业资源的基础。粉垄耕作在耕作工具、耕作原理、耕作方法和

耕作效果上完全不同于传统耕作。其最大的好处在于活化人类尚未利用的耕地犁底层及其以下土壤资源，以及盐碱地特别是重度盐碱地土地资源。在“粉垄学”（粉垄大科学）的研究内涵上，进一步阐明粉垄耕作与资源活化利用的科学原理，对于人类拓展生存与发展空间意义重大。

2. 粉垄耕作土壤的理化及生态机理问题

粉垄耕作是利用立式钻头和板犁交替耕作，它的特点是超深耕深松不乱土层，同时又由于钻头深旋耕高速横向切割粉碎土壤，土壤理化性状发生良性变化，如土壤多数呈颗粒状、团粒结构表面光滑，土壤速效养分释放增加，土壤孔隙度增加，土壤溶氧量大，创造适合作物生长发育和有效贮藏天然降水及沛氧的土壤生态环境。进一步研究阐明粉垄耕作土壤的理化及生态机理问题，对于阐明粉垄耕作活化增用“五大自然资源”的科学原理意义重大。

3. 粉垄耕作机械优化与智能化等问题

农业的根本出路在于机械化。粉垄耕作与粉垄栽培的实现关键是利用立式钻头和板犁的粉垄农机装备。在现代科学技术条件下，研究解决粉垄农机装备的高效低成本耕作和智能化、信息化，对于推动粉垄农业的快速发展意义重大。

4. 粉垄技术与生态环境变化的关系

粉垄耕作与粉垄栽培是倍数活化增用“五大自然资源”的过程。“五大自然资源”的活化增用，不仅给农业带来新的增长极，同时也相应给生态环境改善和旱涝灾害减轻，以及固碳减排、减用地下水资源等带来正能量。因此，粉垄技术与生态环境变化关系的研究内容极为丰富，也非常重要，从实践上、理论上进一步予以阐明，对推动粉垄农业发展和生态环境改善意义重大。

5. 构建连接国际的“粉垄大科学工程研究”

由于粉垄属于世界通用技术，粉垄耕作、粉垄栽培以至粉垄农业、粉垄农业工程、粉垄大科学工程无国界。在科技界充分了解和理解粉垄技术的情况下，为了充分发挥粉垄在全球自然科学研究和促进农业发展中的作用，可以考虑构建连接国际的“粉垄大科学工程研究”。

二、“粉垄学”研究具有“粉垄大科学”的学术意义

“粉垄学”（粉垄大科学）是基于粉垄耕作、粉垄栽培、粉垄农机装备和活化利用“五大自然资源”的一个全新学科。

开展“粉垄学”研究的重大学术意义是多方面的。

第一，创造发明全新的，可以活化利用包括犁底层及其以下土壤资源，以及尚未利用的各种土地资源的耕作工具。犁头是于5500年前发明的，它为人类农

耕的进化与农业生产发展作出了不可磨灭的贡献；如今，以韦本辉为主发明的立式钻头和板犁，替代并优于犁头耕作。在此基础上，进一步研究完善其结构与工艺，以及智能化信息化装备，加快粉垄农业的发展，对于促进“粉垄学”的研究与发展具有深远的历史意义。

第二，粉垄耕作与粉垄栽培是农耕和农业的历史性变革与进步。加强这两个方面的研究，不仅丰富粉垄耕作科学内涵，而且促进粉垄栽培的生态化（酌减“化学品”农业）、自然化（雨养农业）、高效化（免耕或轻耕）、环保化（固碳减排）等；还可以改变人们对农业生产的认知和理念，在认知和理念上，更多地由靠“化学品”和灌溉的“现代农业”转变为更多地顺应自然、利用自然、依天靠地的“粉垄农业”，甚至由现行的相对单一的“耕地农业”发展为“耕地＋盐碱地＋边际土地＋退化草原（生态丰草）＋江河水体渔业”的大格局农业。

第三，使人们更多地认识和利用“五大自然资源”。“五大自然资源”的增加利用，是未来人类生存与发展空间拓展的根本途径。粉垄农业实现“五大自然资源”的增加利用，甚至还挖掘了巨大的“自然力”，可以以自然之力还治自然之身（如以自然贮水减轻旱涝灾害），也就是说可借助自然之力解决人类与自然和谐的发展问题。

第四，从上述几点可以看到，通过粉垄耕作、粉垄栽培、粉垄农机装备和活化利用“五大自然资源”的研究与生产实践，将引发和创立许多新方法、新理论，可归纳和整理成为“粉垄学”或“粉垄大科学”。

第三节 创建“粉垄学”（粉垄大科学）已有的初步条件

历时10多年的研究与实践，我们已经将粉垄耕作、粉垄栽培和粉垄农机装备等构建了粉垄农业技术体系，为创建“粉垄学”（粉垄大科学）提供了初步条件。

一、构建了粉垄农业技术体系

如上所述，经过基础研究、应用研究和示范实践，我们已经构建了以创造发明的粉垄耕作、粉垄栽培和粉垄农机装备等为支撑的粉垄农业技术体系。该技术体系在全国28个省份50多种作物上应用，证明其可使耕地增产10%～50%、盐碱地改造增产20%～100%。

二、初步编制了一批技术标准与规程

10多年来，我们编制发布了粉垄农机装备的相关标准，以及水稻、玉米、马铃薯、甘蔗、淮山等5种作物的粉垄栽培技术规程。

三、出版专著和发表论文并提出了部分粉垄理论观点

在中国农业出版社出版《中国粉垄活土增粮生态》《中国粉垄助力粮食和环境安全》《中国绿色高效粉垄农业》等专著4部；在国内外期刊发表论文100多篇，提出“粉垄理论”“粉垄定律”等，全面阐释粉垄耕作活化土壤并带动天然降水、太阳光能利用的“天地资源”论和“自然力”活化论；在栽培上，实现“以根为本”和根系深扎“抵御干旱、高温、低温等不良环境”“营养均衡供给”“‘库’‘源’双扩增产提质”等理论，以及粉垄耕作原理、方法、效果等，不仅为粉垄研究与推广提供理论依据，同时也为“粉垄学”（粉垄大科学）创建与研究提供重要基础。

第四节 “粉垄学”（粉垄大科学）研究可涉及的领域

上述情况表明，粉垄技术的发明与研究虽然只有10多年时间，但是，粉垄农业技术体系已经成功构建，粉垄耕作、粉垄栽培的土壤改良与增产机理基本明确，“粉垄农业”应用前景已经绘就。“粉垄学”涉及面非常广泛，值得我们深入研究。

一、粉垄耕作工具及现代化粉垄农机装备研究

基于已经发明的系列空心型立式钻头和板犁等粉垄耕作工具，可利用现代科学技术，为适应丘陵地区、平原地区、高原地区及盐碱地、荒漠化土地生态重建等耕作需求，进行小型、中型、大型、特大型粉垄农机装备产品研发，并配置智能化、信息化装备，满足全国乃至全世界“粉垄农业”发展需求。

二、耕作方式与栽培方法研究

“粉垄农业”的耕作方式与栽培方法几乎是传统农业的全新版，涉及的内容很多，需要明确的科学原理也很多，加强粉垄耕作方式与栽培方法研究，提升其

科学性和应用价值，意义特别重大。

三、活化利用各种土地资源研究

对地上资源的耕地、非耕地（盐碱地、退化草原、荒漠化土地等）等进行耕作利用，并关联影响其土壤、土壤养分、土壤微生物、土壤盐分、土壤有害物质等。这些方面的研究对于直接开发利用国土资源、促进农业发展意义重大。

四、“五大自然资源”活化利用研究

对“五大自然资源”的活化利用研究，对于进一步活化利用国土立体空间资源，促进国土立体空间资源服务于农业发展和国家安全意义重大。

五、其他领域研究

基于“粉垄农业”和“粉垄学”的基础研究，可进一步扩大到以下几个领域的研究：①间接利用大江、小河、湖泊、近海水域等江河水体的鱼类及相关航运、发电等方面；②生态环境变化效应；③气候变化效应；④自然灾害变化效应；⑤人体健康效应；⑥经济社会发展影响。

第五节 “粉垄学”（粉垄大科学）可涉及的研究对象与学科

“粉垄学”（粉垄大科学）的研究领域与对象在学科上至少可涵盖以下几方面。

1）基于粉垄全层耕、底层耕（通耕）的现代农机装备学。

2）基于粉垄的耕作学。

3）基于粉垄的作物栽培学。

4）基于粉垄的水资源利用学（天然降水、农田水利、地下水资源等）。

5）基于粉垄的盐碱地改造利用学。

6）基于粉垄的宜耕退化草原改造学。

7）基于粉垄的荒漠化土地生态重建学。

8）基于粉垄应用的生态环境学。

9）基于粉垄应用的气候变化学。

10）基于粉垄的经济社会发展学。

参考文献

陈洁婷. 2016. 农耕文明的发展：粉垄耕作技术与绿色发展［J］. 广西农学报，31（1）：80-82.

陈胜男，胡钧铭，徐宪立，韦翔华，何铁光. 2018. 绿肥压青粉垄保护性耕作对土壤水分入渗及其后延效应的影响［J］. 中国农业气象，39（12）：778-785.

陈晓冰，严磊，陈廷速，李振东，甘磊，Saeed Rad. 2018. 西南岩溶区粉垄耕作和免耕方式下甘蔗地土壤优先流特征［J］. 水土保持学报，32（4）：58-66.

陈晓冰，严磊，李振东，Saeed Rad，陈廷速，甘磊. 2019a. 耕作方式对岩溶区甘蔗地土壤优先流特征的影响［J］. 土壤，51（4）：786-794.

陈晓冰，朱彦光，李帅，韦灵，陈廷速，甘磊. 2019b. 不同耕作和覆盖方式对广西地区甘蔗地土壤水热状况的影响［J］. 西南农业学报，32（8）：1751-1758.

陈宇. 2017. 粉垄栽培对水稻植株生长和产量的影响［J］. 现代农业科技，（9）：15-16.

陈占飞. 2019. 复配风沙土粉垄与传统整地对玉米农艺现状及产量比较研究［J］. 陕西农业科学，65（2）：45-46.

甘秀芹，韦本辉，刘斌，申章佑，劳承英，李艳英，胡泊，吴延勇. 2014. 粉垄后第6季稻田土壤变化与水稻产量品质分析［J］. 南方农业学报，45（9）：1603-1607.

甘秀芹，韦本辉，申章佑，陆柳英，胡泊，吴延勇，李艳英，莫润秀. 2011. 粉垄栽培的根系、植株及产量性状表现［J］. 浙江农业科学，（3）：705-707.

甘秀芹，周灵芝，刘斌，周佳，李艳英，申章佑，吴延勇，韦本辉. 2017. 粉垄栽培水稻减施化肥的产量及经济效益［J］. 湖南农业科学，（11）：17-20，24.

韩锁义，秦利，刘华，张忠信，齐飞艳，臧秀旺，王素霞，王忠于. 2014. 粉垄耕作技术在饲草种植上的应用与展望［J］. 草业科学，31（8）：1597-1600.

贺根生. 2015. 深松机械家族添新宠：广西五丰机械公司研制成功履带式粉垄深旋机［J］. 当代农机，（11）：16-17.

贺根生，贺涛. 2011. 粉垄栽培：农耕革新的燎原梦想［J］. 科学新闻，（5）：30-32.

胡泊，甘秀芹，刘斌，申章佑，李艳英，吴延勇，韦本辉. 2013. 粉垄早稻＋再生稻亩产稻谷1000公斤种植模式可行性分析［J］. 广西农学报，28（3）：25-28.

胡朝霞，米玛次仁，拥嘎，查斯，白德朗，黄安平，韦本辉，谭炎宁. 2020. 粉垄减肥栽培对春青稞山青9号生长和产量的影响［J］. 湖南农业科学，（5）：21-25.

蒋发辉，高磊，韦本辉，李录久，彭新华. 2020. 粉垄耕作对红壤理化性质及红薯产量的影响［J］. 土壤，52（3）：588-596.
蒋玉秀，赖志强，梁永良，韦锦益，易显凤. 2012. 牧草种植中使用粉垄专用拖拉机的效果观察［J］. 广西畜牧兽医，28（4）：197-201.
靳晓敏，杜军，沈润泽，沈振荣，解艳玲，王玉民，韦本辉. 2013. 宁夏引黄灌区粉垄栽培对玉米生长和产量的影响［J］. 农业科学研究，34（1）：50-53.
赖洪敏，林北森，罗刚，周文亮，韦忠，高华军，韦本辉. 2017. 粉垄耕作对烤烟生长发育的影响［J］. 浙江农业科学，58（5）：736-738.
黎佐生，蒋代华，韦本辉. 2020. 粉垄耕作对宿根蔗地根际微生物及酶活性的影响［J］. 新农业，（7）：45-47.
李桂东. 2015. 浅谈松耕粉垄机旋削刀具传动箱的强度和润滑问题［J］. 广西农业机械化，（5）：26-27.
李桂东，李深文. 2016. 自走式粉垄深耕深松机应用前景分析［J］. 广西农业机械化，（6）：20-23.
李浩，韦本辉，黄金玲，李志刚，王令强，梁晓莹，李素丽. 2021. 粉垄对甘蔗根系结构发育及呼吸代谢相关酶活性的影响［J］. 中国农业科学，54（3）：522-532.
李华，逄焕成，任天志，李铁冰，汪仁，牛世伟，安景文. 2013. 深旋松耕作法对东北棕壤物理性状及春玉米生长的影响［J］. 中国农业科学，46（3）：647-656.
李素丽，黄金玲，韦本辉，梁晓莹，陆睿杰，王令强，李志刚. 2020. 粉垄耕作对甘蔗光合生理特性及产量品质的影响［J］. 热带作物学报，42（3）：726-731.
李轶冰，逄焕成，李华，李玉义，杨雪，董国豪，郭良海，王湘峻. 2013a. 粉垄耕作对黄淮海北部春玉米籽粒灌浆及产量的影响［J］. 中国农业科学，46（14）：3055-3064.
李轶冰，逄焕成，杨雪，李玉义，李华，任天志，董国豪，郭良海. 2013b. 粉垄耕作对黄淮海北部土壤水分及其利用效率的影响［J］. 生态学报，33（23）：7478-7486.
梁家亮，岑延新，陈文曲，甘丹丹，刘晓新，朱万升，王丽春，刘慧明，李珊珊. 2019. 牛大力粉垄栽培技术研究［J］. 现代农业科技，（5）：60，62.
刘斌，甘秀芹，韦本辉，周佳，申章佑，李艳英，劳承英，胡泊，周灵芝，吴延勇. 2016. 粉垄耕作对南方旱坡木薯种植地水土流失及产量的影响［J］. 西南农业学报，29（12）：2806-2811.
刘贵文，黄樟华，韦本辉，莫振茂，容林熙. 2011. 粉垄技术对木薯生长发育和产量的影响［J］. 南方农业学报，42（8）：975-978.
刘江汉. 2019. 粉垄耕作对土壤性质及马铃薯生长的影响［D］. 银川：宁夏大学硕士学位论文.
吕婧娴，陈占飞，田帅，薛伟. 2017. 榆林市风沙草滩区粉垄耕作对玉米根系及产量的影响［J］. 现代农业科技，（2）：5，7.
吕军峰，韦本辉，侯慧芝，张国平. 2013. 农作物粉垄栽培及在旱作农业中的作用［J］. 甘肃农业科技，（10）：43-44.

聂胜委. 2016. 粉垄耕作技术研究展望. 中国农学会耕作制度分会. 中国农学会耕作制度分会2016年学术年会论文摘要集［C］. 乌鲁木齐：中国农学会耕作制度分会：47.

聂胜委，张浩光，许纪东，张巧萍，张玉亭. 2020. 立式旋耕方式下氮肥不同减施量对小麦产量效应的影响［J］. 山西农业科学，48（3）：396-400.

聂胜委，张玉亭，汤丰收，何宁，黄绍敏，张巧萍，韦本辉. 2015a. 粉垄耕作对潮土冬小麦田间群体微环境的影响［J］. 农业资源与环境学报，32（2）：204-208.

聂胜委，张玉亭，汤丰收，黄绍敏，张巧萍，韦本辉，张水清，何宁. 2015b. 粉垄耕作对潮土冬小麦生长及产量的影响初探［J］. 河南农业科学，44（2）：19-21，43.

聂胜委，张玉亭，汤丰收，张巧萍，何宁，郭庆，王洪庆，韦本辉. 2016. 粉垄耕作后效对夏玉米群体微环境的影响［J］. 山西农业科学，44（3）：348-352.

聂胜委，张玉亭，汤丰收，张巧萍，何宁，韦本辉. 2015c. 粉垄耕作后效对夏玉米生长及产量的影响［J］. 山西农业科学，43（7）：837-839，873.

聂胜委，张玉亭，张巧萍，郭庆，汤丰收，王洪庆，何宁. 2017. 粉垄耕作对小麦玉米产量及耕层土壤养分的影响［J］. 土壤通报，48（4）：930-936.

申章佑，李艳英，周佳，劳承英，周灵芝，韦本辉，黄洁，魏云霞. 2022. 粉垄耕作下减施肥料对木薯产量品质的影响初探［J］. 中国土壤与肥料，（2）：99-105.

申章佑，韦本辉，甘秀芹，刘斌，李艳英，胡泊，吴延勇，陆柳英. 2013. 粉垄栽培水稻经济效益分析［J］. 广东农业科学，40（16）：8-10.

申章佑，韦本辉，甘秀芹，陆柳英，宁秀呈，韦广泼，李艳英，胡泊，刘斌，吴延勇. 2012. 粉垄技术栽培木薯中后期结薯情况及产量品质分析［J］. 作物杂志，（4）：157-160.

宋国显，梁霞丽，邹金松. 2018. 粉垄栽培技术应用对杂交水稻博优1167产量及经济效益的影响研究［J］. 江西农业，（24）：17.

宋岩，黄维，王道波，申希兵，文望名. 2015. 耕作和施氮方式对晚播红麻福红992产量和纤维品质的影响［J］. 广东农业科学，42（1）：18-21，31.

宋岩，王道波. 2015. 基追肥比例对深松耕栽培红麻农艺性状和产量的影响［J］. 湖北农业科学，54（18）：4416-4418，4423.

宋岩，王道波，刘永贤. 2014. 耕作和施氮方式对广西沿海地区红麻农艺性状和产量的影响［J］. 南方农业学报，45（4）：601-604.

唐茂艳，王强，陈雷，张晓丽，张宗琼，吕荣华，梁天锋. 2015. 水稻粉垄耕作生长及生理特性研究［J］. 湖北农业科学，54（16）：3854-3856.

陶涣壮. 2018. 广西甘蔗地不同耕作方式下土壤水分变化［D］. 桂林：桂林理工大学硕士学位论文.

陶星安，陈彦云，李梦露，夏皖豫. 2021. 粉垄耕作对玉米根系活力的影响［J］. 广东蚕业，55（2）：17-18.

田国华，李勇，朱庆德. 2016. 粉垄耕作：改良板结盐碱地的有效措施［J］. 农村科技，

（11）：17-18.
王奇，陈培赛，周佳，周灵芝，劳承英，尹昌喜，韦本辉. 2019. 粉垄耕作对甘蔗农艺性状及产量的影响［J］. 江苏农业科学，47（4）：65-68.
王世佳，蒋代华，朱文国，张蓉蓉，李军伟，韦本辉. 2020. 粉垄耕作对农田赤红壤团聚体结构的影响［J］. 土壤学报，57（2）：326-335.
王世佳，韦本辉，申章佑，余丰源，史鼎鼎，蒋代华. 2019. 粉垄耕作对农田砂姜黑土土壤结构的影响［J］. 安徽农业科学，47（20）：76-79，96.
韦本辉. 2010. 旱地作物粉垄栽培技术研究简报［J］. 中国农业科学，43（20）：4330.
韦本辉. 2014a. 粉垄“4453”增产提质效应及其利民利国发展潜能［J］. 安徽农业科学，42（27）：9302-9303.
韦本辉. 2014b. 薯类作物粉垄栽培技术［J］. 农家之友，（10）：54.
韦本辉. 2014c. 水稻粉垄直播高产栽培技术［J］. 农家之友，（11）：61-62.
韦本辉. 2014d. 重构耕层可持续增产的“水稻粉垄生态高效栽培法”［J］. 安徽农业科学，42（22）：7345-7347.
韦本辉. 2015a. 粉垄技术助力国家粮食和水资源安全研究. 作物多熟种植与国家粮油安全高峰论坛论文集［C］. 长沙：中国作物学会：13-16.
韦本辉. 2015b. 粉垄耕作技术对粮食生产和环境安全的影响［J］. 安徽农业科学，43（35）：60-61，64.
韦本辉. 2015c. 水稻粉垄直播高产栽培技术［J］. 农村新技术，（3）：7-8.
韦本辉. 2020.“粉垄定律”的确立及其科学意义初探［J］. 安徽农业科学，48（12）：1-4，8.
韦本辉. 2021. 甘蔗粉垄“145”技术体系的构建与应用探讨［J］. 甘蔗糖业，50（3）：1-4.
韦本辉，甘秀芹，陈保善，申章佑，俞建，宁秀呈，陆柳英，韦广泼，胡泊，莫润秀，李艳英，吴延勇. 2011b. 粉垄整地与传统整地方式种植玉米和花生效果比较［J］. 安徽农业科学，39（6）：3216-3219.
韦本辉，甘秀芹，陈保善，韦广泼，申章佑，宁秀呈，陆柳英，何彰杰，胡泊，李艳英，莫润秀，吴延勇. 2011a. 农耕新方法粉垄整地土壤速效养分研究［J］. 广东农业科学，38（17）：42-45.
韦本辉，甘秀芹，陈耀福，申章佑，罗学夫，陆柳英，胡泊，李艳英，吴延勇，刘斌，韦广泼，宁秀呈. 2011c. 稻田粉垄冬种马铃薯试验［J］. 中国马铃薯，25（6）：342-344.
韦本辉，甘秀芹，刘斌，申章佑. 2012c. 粉垄具“耕地水库”可破广西甘蔗单产偏低困局［J］. 广西农学报，27（3）：48-50.
韦本辉，甘秀芹，刘斌，申章佑，陈烈臣，白德朗. 2012d. 推广作物粉垄栽培，保障国家粮食安全［J］. 作物研究，26（5）：447-451.
韦本辉，甘秀芹，陆柳英，申章佑，宁秀呈，胡泊，韦广泼，李艳英，吴延勇. 2011f. 水稻粉垄旱种苗期根系性状研究［J］. 广东农业科学，38（7）：28-29.

韦本辉，甘秀芹，申章佑，宁秀呈，陆柳英，韦广泼，李艳英，胡泊，刘斌，吴延勇．2011d．粉垄栽培甘蔗试验增产效果［J］．中国农业科学，44（21）：4544-4550.

韦本辉，甘秀芹，申章佑，宁秀呈，韦广泼，陆柳英，胡泊，刘斌，李艳英，吴延勇．2011e．粉垄栽培木薯增产效果及理论探讨［J］．中国农学通报，27（21）：78-81.

韦本辉，刘斌，甘秀芹，申章佑，胡泊，李艳英，吴延勇，陆柳英．2012a．粉垄栽培对水稻产量和品质的影响［J］．中国农业科学，45（19）：3946-3954.

韦本辉，申章佑，甘秀芹，刘斌，陆柳英，胡泊，李艳英，吴延勇．2012b．粉垄栽培对旱地作物产量品质的影响［J］．中国农业科技导报，14（4）：101-105.

韦本辉，申章佑，周佳，甘秀芹，劳承英，周灵芝，刘斌，胡泊，李艳英．2017．粉垄改造利用盐碱地效果初探［J］．中国农业科技导报，19（10）：107-112.

韦本辉，申章佑，周佳，周灵芝，胡泊，张宪．2020．粉垄耕作改良盐碱地效果及机理［J］．土壤，（4）：1-5.

韦本辉，张晗．2016．粉垄栽培技术促进粮食环境安全［J］．海峡科技与产业，（4）：153-154.

韦增林，张亮曼，卢国培，曹小琼，韦思庚，黎忠海，王小明．2018．粉垄栽培对甘蔗产量及糖分影响初报［J］．甘蔗糖业，（6）：37-40.

闻一鸣．2016．张杂谷8号在广西喜获丰收［J］．植物医生，29（12）：17.

吴佩．2013-10-21．粉垄深旋耕技术成功可使农作物增产两成以上［N］．山东科技报，2.

杨建军．2016．粉垄栽培对水稻产量和品质的影响探析［J］．农技服务，33（9）：38.

杨慰贤，覃锋燕，刘彦汝，韩笑，周佳，韦茂贵，申章佑，韦本辉．2021．粉垄耕作与氮肥减施对木薯地土壤温室气体排放及土壤酶活性的影响［J］．南方农业学报，（9）：2426-2437.

曾文伟，李佳临，陈阳峰，龚正时，邓志广．2016．水稻粉垄栽培技术在隆回县的应用探索［J］．作物研究，30（1）：89-91.

张龙．2020．近二十年新疆灌区盐碱地变化情况分析和对策研究［J］．水资源开发与管理，（6）：72-76.

张文娟．2012．粉垄耕作可否提升我国耕地良田化和耕种良法化：专访广西农业科学院经济作物研究所研究员韦本辉［J］．中国农村科技，（7）：66-69.

郑佳舜，胡钧铭，韦翔华，黄太庆，李婷婷，黄嘉琪．2019．绿肥压青粉垄保护性耕作对稻田土壤温室气体排放的影响［J］．中国农业气象，40（1）：15-24.

周佳．2017．谷子粉垄高产栽培试验示范项目通过现场测产验收［J］．植物医生，30（1）：19.

周佳，周灵芝，劳承英，申章佑，李艳英，胡泊，黄渝岚，韦本辉．2020．短期不同耕作方式对水稻根际土壤细菌群落结构多样性的影响［J］．南方农业学报，51（10）：2401-2411.

周灵芝，黄春东，李志森，周海宇，李兰青，覃振新，邓鹏，龚玉萍．2015．广西春玉米粉垄栽培试验初报［J］．广西农学报，30（1）：9-11.

周灵芝，韦本辉，甘秀芹，刘斌，胡泊，申章佑，李艳英，周佳，劳承英，吴延勇．2017b．

粉垄耕作对稻谷富硒营养化及重金属含量的影响［J］. 现代农业科技，(14)：7-9.

周灵芝，韦本辉，甘秀芹，刘斌，申章佑，李艳英，周佳，劳承英，胡泊，吴延勇. 2017a. 粉垄栽培对甘蔗生长和产量的影响［J］. 安徽农业科学，45（9）：29-31.

朱彦光，李帅，甘磊，李健，Saeed Rad，陈晓冰. 2019. 不同耕作方式对广西地区甘蔗地土壤热性质的影响［J］. 福建农业学报，34（7）：858-866.

Alvaro F J, Arrue J L, Cantero M C. 2008. Aggregate breakdown during tillage in a mediterranean loamy soil[J]. Soil and Tillage Research, 101 (1-2): 62-68.

Wei B H. 2016. Discussion of Fenlong cultivation supporting food and environment safety and broadening survival and development space[J]. Agricultural Science & Technology, 17 (2): 467-470, 480.

Wei B H. 2017b. Discussion on green development of Fenlong for yield increase, quality enhancing, water retaining and multiple use of natural resources[J]. Agricultural Science & Technology, 18 (9): 1631-1637.

Wei B H. 2017c. Discussion on the construction of green agriculture "3＋1" industry system using Fenlong activated resources[J]. Agricultural Science & Technology, 18 (2): 380-384.

Wei B H. 2017d. Efficient green modern agriculture of Fenlong cultivation and its application prospects[J]. Agricultural Science & Technology, 18 (12): 2658-2663, 2666.

Wei B H. 2017a. Fenlong cultivation-the fourth set of farming methods invented in China[J]. Agricultural Science & Technology, 18 (11): 2045-2048, 2052.

Wei B H, Gan X Q, LI Y Y, Shen Z Y, Zhou L Z, Zhou J, Liu B, Lao C Y, Hu P. 2017a. Effects of once Fenlong cultivation on soil properties and rice yield and quality for 7 consecutive years[J]. Agricultural Science & Technology, 18 (12): 2365-2371.

Wei B H, Han S Y, He G H. 2022. Smash-ridging cultivation improves Crop production[J]. Outlook on Agriculture, 51 (2): 173-177.

Wei B H, Shen Z Y, Zhou J, Gan X Q, Lao C Y, Zhou L Z, Liu B, Hu P, Li Y Y. 2017b. IInitial exploration on effect of saline-alkali land rebuilding and utilization by Fenlong cultivation[J]. Agricultural Science & Technology, 18 (12): 2396-2400.

Wei B H, Shen Z Y, Zhou J, Zhou L Z, Li Y Y, Lao C Y, Gan X Q, Hu P, Wei Y B. 2017c. Discussion on action and potential of Fenlong megascience in the symbiosis between human and nature[J]. Agricultural Science & Technology, 18 (12): 2303-2308, 2311.

附　录

一、相关技术标准或规程

（一）自走式粉垄深耕深松机技术条件

1. 要求

（1）一般要求

1）粉垄机应符合本标准的要求，并按经规定程序批准的产品图样和技术文件制造。

2）所有自制件、外购件、外协件必须有合格证明文件或经检验合格方可装配。

3）各零部件不得错装和漏装，所有紧固件应紧固可靠。

4）焊接部位应牢固，不应有裂纹等，焊接质量应符合JB/T 5943的规定。

5）涂层外观应色泽鲜明，平整光滑，无漏底、花脸、起泡和起皱，涂层厚度不小于35μm，漆膜附着力不应低于JB/T 5673—1991规定的2级要求。

6）所有螺旋型旋削刀具安装后，应相互平行且与地面垂直。

7）粉垄机螺旋型旋削刀具的运输间隙应不小于200mm。

8）驾驶室门道、紧急出口与驾驶员的工作位置尺寸应符合GB/T 6238的规定。

9）驾驶室应具有良好的视野和舒适的操作条件，操纵装置的舒适区域与可及范围应符合GB/T 21935的规定。

10）发动机在全程调速范围内应能稳定运转，并能直接或间接通过熄火装置使发动机停止运转。

11）各操纵、调节机构的运转应轻便、灵活、可靠、松紧适度，各机构行程调整应符合使用说明书的规定。所有能自动回位的操纵件在操纵力去除后应能自动回位。非自动回位的操纵件应能可靠地停在操纵位置。各操纵机构的最大操纵力应符合GB/T 19407的规定。

12）各类离合器应分离彻底、接合平顺可靠。

13）发动机变速箱应换挡灵活、工作可靠，不得有乱挡、自动脱挡现象。

14）粉垄机正常工作时各系统不应有异常响声，不应有漏油、漏水、漏气现象。

15）粉垄机应具有良好的密封性，无泥水渗入关键部件的现象。

16）液压油箱应符合GB/T 3766的规定，其油标位置应易被观察。

17）粉垄机的电器仪表应符合JB/T 6697的规定，仪表显示应清晰准确，信号报警系统和电气照明及其开关应能可靠工作。

18）粉垄机装配完毕后空运转30min，旋削刀具传动箱的轴承温升不应超过45℃。

（2）安全要求

1）不允许使用旧件组装生产粉垄机。

2）粉垄机应能可靠传输或切断动力。

3）粉垄机应设置旋削刀具总成升起后防止意外降落的机械保护装置。

4）外露运动件应有安全防护装置，安全防护装置应符合GB 10395.1的规定；旋削刀具的后部及两侧应符合GB 10395.5—2006中4.1、4.2、4.3和4.4的要求。

5）在危险处应按GB 10396的要求设置安全警示标志，并在产品使用说明书中详细说明安全警示标志内容和位置。

6）连接传动轴、安装旋削刀具、箱体、轴承座等重要部位紧固件的强度等级：螺栓应不低于GB/T 3098.1—2010中规定的8.8级，螺母应不低于GB/T 3098.2—2000中规定的8级。

7）粉垄机应设置行走制动装置、驻车制动装置和驻车制动锁定装置，锁定装置必须可靠，没有外力不能松脱。驻车制动装置应能保证粉垄机在上、下两个方向可靠地停在20%的干硬纵向坡道上。

8）粉垄机应有两个前照灯：一个工作灯，一个仪表灯。

9）粉垄机应在左、右各设一个后视镜。

10）驾驶室的门、窗应使用安全玻璃。

11）各操纵机构和其他装置的操纵方向与用途不太明显时，应在操纵机构上或其附近用操纵符号标明。

12）产品使用说明书应有操纵、维修、保养方面的内容，必须有提醒操作者的安全注意事项，编写应符合GB/T 9480的规定。使用说明书应重现机器上的安全标志，并标明安全标志的固定位置。使用无文字安全标志时，使用说明书应用中文解释安全标志的释义。

13）粉垄机的履带或轮胎松脱或损坏后应能在现场进行维修或更换。

（3）性能要求

1）作业性能：在地表（包括留茬）覆盖量不大于1kg/m²，土壤绝对含水率为15%～25%的壤土、轻黏土试验地耕作，粉垄机的主要作业性能应符合附表1的规定。

附表1 作业性能

项目	单位	指标
耕深	cm	≥30
耕深稳定性	%	≥85
全耕层碎土率（≤4cm土块）	%	≥85
耕后地表平整度	cm	≤5
耕深为30cm时单位耕幅纯工作小时生产率	hm²/h	≥0.15
耕深为30cm时单位耕幅作业燃油消耗	kg/hm²	≤110
动态环境噪声	dB（A）	≤120
驾驶员操作位置处噪声	dB（A）	≤100

2）粉垄机可视需求调节耕作深浅程度30～100cm。

3）粉垄机可以进行多功能扩展。

4）粉垄机可靠性能应符合：有效度不小于90%，平均故障间隔时间（mean time between failures，MTBF）不小于80h。

2. 试验方法

（1）性能试验

耕后地表平整度在无耕层断面测绘仪时，可采用水平基准线法测定：即沿垂直于机器前进方向，以耕后地表最高点作一水平直线为基准线，在其适当位置上取与样机耕幅相当的宽度，以5cm间隔等分，并在各等分点上测定耕后地表至基准线的垂直距离，按JB/T 10295中6.2.2.1.1方法计算平均值和标准差，以标准差的值表示其平整度。

（2）噪声的测定

噪声的测定按GB/T 25614的规定进行。

（3）其他项目的检查

其他项目的检查采用目测、操作检查或按该项目所相关的标准等方法进行。

3. 检验规则

（1）出厂检验

粉垄机应进行出厂检验，检验项目见附表2。

附表2　型式检验项目

不合格类别	序号	项目名称	对应要求条款	出厂检验	型式检验
A	1	安全要求	1.（2）	√	√
	2	噪声	附表1	√	√
	3	耕深	附表1		√
	4	平均故障间隔工作时间	1.（3）4）		√
B	1	液压油箱制造质量	1.（1）16）		√
	2	耕深稳定性	附表1		√
	3	全耕层碎土率	附表1		√
	4	耕后地表平整度	附表1		√
	5	纯工作小时生产率	附表1		√
	6	作业燃油消耗	附表1	√	√
	7	有效度	1.（3）4）		√
	8	产品标牌	4.（1）		√
C	1	紧固件连接	1.（1）3）	√	√
	2	焊接质量	1.（1）4）		√
	3	漆膜质量	1.（1）5）		√
	4	旋削刀具安装质量	1.（1）6）	√	√
	5	运输间隙	1.（1）7）		√
	6	驾驶员的工作位置	1.（1）8）		√
	7	司机室操纵装置舒适区域	1.（1）9）		√
	8	发动机	1.（1）10）	√	√
	9	各操纵、调节机构	1.（1）11）	√	√
	10	离合器	1.（1）12）	√	√
	11	变速箱	1.（1）13）	√	√
	12	密封性	1.（1）14），1.（1）15）	√	√
	13	粉垄机的电器仪表	1.（1）17）		√
	14	空运转试验	1.（1）18）	√	√

注："√"勾选项目为必检项目

（2）型式检验

型式检验每年至少进行一次，有下列情况之一时，也应进行型式检验：①新产品定型鉴定时；②转厂生产时；③结构、材料、工艺有较大改变，可能影响产品性能时；④长期停产恢复生产时；⑤质量监督管理部门提出要求时。

型式检验项目见附表2。

（3）抽样方法

按 GB/T 2829—2002规定的一次抽样方案，样本量$n=2$，采用判别水平Ⅰ，其不合格质量水平（RQL）及判定数组见附表3。

附表3 不合格质量水平（RQL）及判定数组

不合格类别	A	B	C
检验项目数	4	9	14
AQL	6.5	40	65
判定数组（Ac Re）	0 1	2 3	3 4

注：总检验项目数为样本数和检验项目数之乘积；每个检验项目有多项内容者，其子项中有一项不合格者则判定该检验项目为不合格

（4）判定规则

出厂检验：在出厂检验中，所有项目合格，该台产品判为合格品。如有不合格项目，该台产品判为不合格品。

型式检验：采用逐项考核、按类判定的原则，当每类不合格数均小于或等于对应的 Ac时，该类评为合格；大于或等于对应的 Re时，该类评为不合格。三类均合格则最终判产品为合格，任一类或多类不合格时则最终判产品为不合格。

4. 标志、包装、运输、贮存

（1）标志

每台粉垄机应在明显的位置固定产品标牌。标牌应符合 GB/T 13306的规定，并标明下列内容：产品型号、名称；主要技术参数；配套动力；制造厂名称、地址；制造日期；出厂编号；产品执行标准号。

（2）包装

1）粉垄机可以总装或部件包装出厂。部件包装必须保证各部件在不经任何修正的情况下即能进行总装。

2）包装箱和捆扎件应牢固可靠，并应符合运输的要求。

3）包装箱箱面文字和标记应清晰、整齐、耐久。

4）被装箱的粉垄机，其燃油箱不得残留燃油。

5）粉垄机出厂时，制造厂应提供下列文件：符合GB/T 9480规定的产品使用说明书；产品质量合格证、“三包”凭证、零件目录和易损件目录，批量供货时应附有制造厂质量检验部门盖章的质量证明书，并在该质量证明书中注明：产品名称、型号；产品检验结果；产品数量、批号；出厂日期；备件、附件和随机工具清单；装箱清单。

（3）运输

运输粉垄机时不许采用单独自走方式。

（4）贮存

产品应贮存在干燥通风和无腐蚀气体的室内，露天存放时应有防雨、防潮和防碰撞的措施，无防锈涂层部位应涂防锈油。

在正常运输和贮存的情况下，制造厂应保证产品及备件、附件、随机工具的防锈有效期自出厂之日起不少于12个月。

（二）糖料蔗粉垄高效栽培技术规程

1. 粉垄耕作

配置有螺旋型钻头（立式螺旋型旋削刀具）能完成作物种植地土壤粉垄耕作作业（至少包含动力系统、液压系统、履带、螺旋型旋削刀具）的自走式耕作机械，钻头垂直入土一次性全耕作层切割粉碎土壤、使之膨松成垄，粉垄后全耕作层土壤碎土率（≤4cm土块）≥85%。

2. 糖料蔗粉垄高效栽培技术

使用配置有螺旋型钻头能够完成耕地粉垄耕作作业的自走式耕作机械，垂直入土一次性全耕作层切割粉碎蔗田，并在粉垄过的蔗田上栽培糖料蔗的技术。

3. 新植蔗栽培技术

（1）施基肥

1）粉垄耕作前，在蔗田上均匀撒施充分腐熟的农家肥15 000～25 000kg/hm^{2}或有机肥3000kg/hm^2，然后进行粉垄作业。

2）播种前，在种植沟内施用1200kg/hm^{2}的过磷酸钙或钙镁磷肥、120～285kg/hm^{2}的氯化钾、150kg/hm^{2}的尿素，或有效养分相等的复合肥，并把肥料与土壤拌匀。

（2）整地

在土壤含水量小于30%时，利用粉垄机械进行粉垄整地，作业幅宽1.1～1.6m，松土深35～45cm，垄面宽50cm，种植沟深20～35cm、沟底平宽20～30cm；或按照当地机械种植、机械收获、间套种等对甘蔗种植行距的要求进行安排。旱坡地应按等高线进行粉垄耕作。

（3）田间管理

1）水分管理

前期（甘蔗下种后至分蘖末期）：利用粉垄水库功能，充分聚集天然降水至植蔗沟中，或通过合理灌溉设施，保持土壤湿润状态。长期干旱时，视土壤蓄水量情况，应及时灌水；雨水积水过多时，应及时排水。

中期（从分蘖末期至伸长末期）：充分利用天然降水；低洼地块，在雨季注意做好排涝工作；长期干旱时，视土壤蓄水量情况，应及时灌水。

后期（甘蔗伸长末期至收获）：收获前一个月停止灌水。

2）追肥

田间追肥以氮肥为主，粉垄栽培甘蔗比常规栽培减施肥料10%。

苗期至分蘖末期：基肥不足的，施尿素100～150kg/hm²后小培土；如果基肥充足，苗势旺盛，可不追施苗肥。

分蘖末期至伸长末期（春植蔗5月中下旬至6月下旬）：结合中耕除草，施复合肥（15-15-15）1500kg/hm²，或施尿素400～600kg/hm²、硫酸钾或氯化钾250～360kg/hm²，然后进行大培土，培土总高度为21cm以上。

3）病虫草害防治

按照“预防为主、综合防治”的植保方针，坚持“农业防治、物理防治、生物防治为主，化学防治为辅”的原则，根据病虫害发生程度，选择合适的农药品种、合理的浓度、合理的施药时期、合理的施药方法，尽量减少农药使用次数和用药量；不使用高毒、高残留农药；加强中耕除草，减少病虫源。

结合培土进行中耕除草，用地膜覆盖栽培的甘蔗揭膜后要立即进行中耕除草，露地栽培的应根据杂草生长情况及时进行。

（三）水稻粉垄栽培技术规程

1. 水稻粉垄栽培技术

使用配置有螺旋型钻头能够完成耕地粉垄耕作作业的自走式耕作机械，垂直入土一次性全耕作层切割粉碎稻田，并在粉垄过的稻田上栽培水稻的技术。

2. 移栽前准备

（1）育秧

选择经审定适宜在当地生态条件种植的优质高产、抗逆性强、生育期适合的杂交或常规水稻品种。用种量：常规稻为45～75kg/hm²，杂交稻为15～22.5kg/hm²。

播种前晒种1～2d，风选剔除空瘪粒。把选好的种子用10%浸种灵5000倍药剂室温下浸种。种子与液体比为1∶1.25，浸种1～2d，每天搅拌、清洗1次，用清水洗净后催芽至芽长半谷长即可。

根据茬口、秧龄和气温确定当地适宜播种期。一般适宜秧龄，早稻为20～28d，晚稻为10～14d；播种的起始温度，籼稻要求日均温度在12℃以上，粳稻要求日均温度在10℃以上。

采用塑盘浆播育秧，可应用壮秧剂化控技术，培育矮壮多蘖秧。秧苗要求3.5～4.5叶龄，根茎粗壮，保持绿叶。

（2）粉垄作业、除草、回水

选择水源充足、排灌方便、田面平整、保水保肥能力好的田块，不宜选择打破犁底层易造成漏水、漏肥的沙质田。

在稻田土壤相对含水量在70%以下的干田、湿润田进行粉垄作业，粉垄深度25～28cm。

粉垄整地前，可结合基肥施用进行作业。

在移栽水稻前4～6d，选用内吸型化学除草剂进行化学除草。

移栽前2～4d，灌水回田软土，水层维持田面以上2～3cm。

3. 秧苗移栽

（1）起秧

用钵体软盘育秧的苗床，起秧时苗床要保持干爽，若苗床水分不足，应在起秧前3d浇水，但水分不宜过多。可将钵体软盘与秧苗卷起来搬到田边再起秧，或先从钵体软盘中起秧后运送到田边。起秧时用双手抓住秧盘相邻的两个角，用力向上提起。无盘旱育的苗床，在拔秧前3d浇水，湿润苗床。

（2）秧苗浅栽

在土壤相对平整和浅水层条件下进行抛（插）秧苗。抛秧、移栽秧苗时均宜浅栽，深度不宜超过3cm。

（3）合理稀植

粉垄比传统耕作水稻分蘖旺盛。宜根据品种特性、秧苗素质、土壤肥力、插秧时期及产量水平等因素，适当稀植。杂交稻品种可移栽16.0万～22.5万蔸/hm^2，每蔸2～3苗；常规稻品种可移栽30.0万～33.0万蔸/hm^2，每蔸2～3苗。

4. 田间管理

（1）水分管理

返青期：保持田间水层1～3cm。

分蘖期：间歇灌溉，浅水分蘖，当水稻的总蘖数达到预计穗数的70%时，采取露田晒田；粉垄耕作比常规耕作提前5d晒田控苗。

拔节孕穗期：湿润灌溉。

抽穗扬花期：保持浅水层2～3cm。

灌浆期：间歇灌溉，保持湿润。

黄熟期：保持湿润，收获前10d干田。

（2）肥料施用

粉垄栽培水稻可比常规栽培水稻减施肥料20%。在稻田粉垄前，将基肥撒施于田面，然后进行粉垄耕作，或在移栽前回水后施用基肥；基肥，施有机肥3600kg/hm^2、复合肥（15-15-15）180kg/hm^2、含磷15%钙镁磷肥480kg/hm^2；分蘖期，施尿素150kg/hm^2、氯化钾120kg/hm^2；幼穗分化期，施复合肥（15-15-15）120kg/hm^2、尿素75kg/hm^2、氯化钾120kg/hm^2；保花肥，施尿素30kg/hm^2、氯化钾75kg/hm^2。

（3）化学除草

早稻在抛/插秧6～7d后，中、晚稻在抛/插秧4～6d后，待全田秧苗基本直立，结合施肥使用除草剂。在用药后6d内，田面保持2～5cm的水层。

（四）水稻粉垄干田抛秧栽培技术规程

1. 水稻粉垄干田抛秧栽培技术

使用配置有螺旋型钻头能够完成耕地粉垄耕作作业的自走式耕作机械，在稻田上垂直入土一次性全耕作层切割粉碎土壤，在粉垄过的稻田上进行干田抛秧后再回水的水稻栽培技术。

2. 稻田回水

干田抛秧后应在4h之内回水灌溉，最迟不宜超过6h（尤其是高温、太阳强烈天气）；10d内水层深度保持在2～3cm。

其他管理措施参考《水稻粉垄栽培技术规程》。

（五）玉米粉垄栽培技术规程

1. 玉米粉垄栽培技术

使用配置有螺旋型钻头能够完成耕地粉垄耕作作业的自走式耕作机械，在玉米地上垂直入土一次性全耕作层切割粉碎土壤，并进行栽培玉米的技术。

2. 粉垄整地与播种

（1）粉垄整地

粉垄机械粉垄作业深度28～38cm。按行距50～75cm，在垄面上开深11～18cm、宽12～18cm的种植沟。可结合粉垄作业施用基肥。

（2）适期播种

地温稳定在10℃以上为适宜播种期。春玉米一般在2月下旬至3月上旬播种；秋玉米按当地习惯播种期进行播种。机械点播或人工点播。

（3）播种密度

采用直播方式，行距为50～75cm，株距为22～30cm；单行单株种植，每穴双粒，用种量22～30kg/hm^2。株型紧凑品种，保苗52 500～60 000株/hm^2；株型平展或半紧凑品种，保苗48 000～54 000株/hm^2。

（4）化学除草

玉米播后出苗前应及时除草，可用50%乙草胺乳油兑水对地表均匀喷雾，墒情差时应加大水量或喷雾造墒。

3. 田间管理

（1）及时查苗补缺

玉米发芽出土后4～7d，应及时查苗，对各种原因造成的缺苗应及时补栽。

应在玉米2～3叶时带泥球移栽并浇足水。

（2）间苗、定苗

玉米幼苗期丰产长相是：叶片宽大，叶色浓绿，根多根深，茎基粗扁，生长敦实。三叶期抓紧间苗，五叶期及时定苗至适宜密度。间苗应做到“去弱留壮、去小留大、去病留健、去杂留纯”。

（3）水分管理

粉垄土层加深有利于土壤保水，种植玉米时水肥供给良好。玉米拔节后若遇干旱，应结合施肥浇拔节水。从大喇叭口期至抽穗期为玉米需水临界期，对水分十分敏感，土壤含水量低于70%时应浇攻穗水，一般在小喇叭口期、抽穗开花时分别灌一次。如果持续降雨，田间积水或土壤水分饱和时间长的，应及时开沟排涝降渍。

（4）施肥管理

1）施足基肥

基肥可结合粉垄作业施用，在粉垄整地前，将所需要施用的有机肥料均匀撒放在种植行的地面上，施用有机肥3000～6700kg/hm^2，然后进行粉垄耕作，使肥料在粉垄机作业下与耕作层土壤混合。作基肥施用的化肥，应在播种后在株穴间点施复合肥（15-15-15）240kg/hm^2。

2）轻施苗肥

在玉米5叶1心期定苗时追施苗肥，施用尿素180kg/hm^2、氯化钾120kg/hm^2，并结合中耕除草。

3）重施攻苞肥（穗肥）

大喇叭口期施复合肥（15-15-15）450kg/hm^2，开沟或撬窝深施。

（六）马铃薯粉垄高效栽培技术规程

1. 马铃薯粉垄高效栽培技术

使用配置有螺旋型钻头能够完成耕地粉垄耕作作业的自走式耕作机械，在田地上垂直入土一次性全耕作层切割粉碎土壤，并进行栽培马铃薯的技术。

2. 播种前准备

（1）施基肥

可结合深耕作业施用基肥。施用充分腐熟的农家肥12 000～28 000kg/hm^2，在粉垄前均匀撒放在种植行的地面上，然后进行粉垄耕作，使肥料与耕作层土壤混合。同时，施用钙镁磷肥或过磷酸钙700kg/hm^2、氯化钾180kg/hm^{2}于种植沟内，也可以施用有效成分相等的复合肥或复混肥。

（2）整地

土壤含水量小于30%时，利用粉垄机械进行粉垄整地，作业幅宽1.6m，松土深35～40cm，垄面宽60cm，一次性完成两垄马铃薯种植行的起垄；同时，在粉垄机上挂开行犁（在螺旋型钻头后面），在马铃薯播种行上开播种行，行沟深12～18cm、宽12～18cm。

3. 田间管理

粉垄栽培马铃薯比常规栽培减施肥料10%，主要追施2次肥料；播种后3～4d灌一次“跑马水”，保持土壤湿润，保证出苗齐苗；齐苗时，进行第一次中耕除草，追施尿素90～150kg/hm^2；苗高20cm时结合追肥进行中耕培土，施用尿素120kg/hm^2、硫酸钾375kg/hm^2。在雨水较多的地区或时节，及时排水，田间不能有积水。

4. 病虫害防治

（1）主要病虫害种类

主要病害为早疫病、晚疫病、病毒病、青枯病、环腐病等。主要虫害为蚜虫、金针虫、斜纹夜蛾、地老虎、蛴螬、二十八星瓢虫、潜叶蝇等。

（2）防治原则

按照“预防为主，综合防治”的植保方针，坚持“农业防治、物理防治为主，化学防治为辅”的无害化控制原则。

5. 采收

根据生长情况和市场需求进行，采收应在晴朗天气中午、下午为佳，不宜在雨天采收。采收前若植株未自然枯死，可提前6～10d杀秧。采收过程中轻装轻放以减少损伤，茎块避免暴晒、雨淋。商品薯收获后，薯块要薄摊或筐装避光通风贮藏，防止表皮变绿。

（七）淮山粉垄高效栽培技术规程

1. 淮山粉垄高效栽培技术

使用配置有螺旋型钻头能够完成耕地粉垄耕作作业的自走式耕作机械，在田地上垂直入土一次性全耕作层切割粉碎土壤，并进行栽培淮山的技术。

2. 种植地环境要求

宜选择地下水位在2.0m以下，土层厚1.5m以上的排灌方便、没有石块（直径＞3cm）或其他障碍物，土壤肥力中等以上的非重茬旱地或缓坡地。

3. 栽培技术

（1）播种前准备

1）整地

土壤含水量小于30%时，利用粉垄机械进行粉垄耕作，作业幅宽1.2～1.6m，松土深80cm以上，垄面宽30cm，形成条带性的种植松土槽（垄），并于垄面开好种植沟，种植沟深15～20cm、宽15～20cm。

2）品种选择与种薯要求

选择优质、高产、抗病、抗逆的长圆柱形品种，如‘桂淮2号’‘桂淮7号’等，或具有地方特色的品种。

3）施基肥

可结合深耕作业施入基肥。在粉垄整地前将充分腐熟的有机肥施放在淮山种植带上，让其随螺旋型钻头混入松土槽中，用量为22 500～30 000kg/hm²；在种植沟两侧施放复合肥（15-15-15）450～600kg/hm²。

（2）播种

以薯块作种的要注意将带皮部分向下摆放种薯。种薯摆放好后，将垄两侧的土壤覆盖于垄面，使垄面呈“龟背型”。有条件的，盖土后可在垄面铺设滴灌管带，铺设时应注意将管带置于垄面一侧的中下位置，再用黑色地膜覆盖。

茎四棱的大叶品种，株距35～40cm，行距160cm，种植用量18 000～22 500株/hm²；茎圆棱、叶片长心形的品种，株距30～35cm，种植用量22 500～27 000株/hm²。

（3）田间管理

1）肥水管理。粉垄栽培淮山比常规栽培减施肥料10%，肥料主要在薯块伸长期和膨大期追施。薯块伸长期肥水需要量大，在薯块开始形成时，应重施薯块伸长膨大肥，追施复合肥（15-15-15）300～375kg/hm²、硫酸钾150～225kg/hm²，无地膜覆盖的，撒施后及时轻盖土并适时灌水；覆盖地膜且膜下有滴灌管道的，可以采用水肥一体化施用。

薯块伸长膨大盛期，植株生长明显缺肥的，追施复合肥（15-15-15）120～150kg/hm²，施用方法同薯块伸长期。

薯块伸长膨大期后期，气温较低，看苗追肥，苗势弱的可根外施肥，叶面喷施0.3%～0.5%的磷酸二氢钾或其他叶面肥。

2）零余子处理。淮山生长后期，一些品种在腋芽处着生零余子，如不作种子留用，应及时摘掉，以免消耗植株养分，影响产量。

4. 采收

淮山地上部茎叶老化变黄、落叶，薯条膨大充实、薯皮老熟后，即可收获。也可根据生长情况和市场需求进行采收。采收前若植株未自然枯死，可提前6～10d杀秧。

最好选择晴天上午采收。采收时，用“洛阳铲”在种植带的第一株至第二株间开挖，将这两株淮山取出来后，顺着种植带方向，粉垄后土质疏松可直接逐株将薯条拔出，根据用途需要分别堆放或运输。

用于贮藏和长途运输的，收获后应将薯条就地晾晒3～5h至薯条表皮干爽后，再进行分级包装、贮运。避免暴晒、雨淋。

二、粉垄技术第三方评价

（一）成果鉴定

2012年3月28日，广西科技厅组织刘旭院士等专家对“农耕新方法粉垄及其应用研究”项目进行成果鉴定，认定：该技术可应用于各种作物，在盐碱地、西北干旱地区生态重建、部分草原改造等也具有潜在的应用前景；该项目研究具有原创性，达到国内领先水平。

（二）成果评价

2018年1月13日，农业部（现农业农村部）科技发展中心组织张洪程院士等专家对“粉垄绿色增产提质耕作技术及应用”进行成果评价，成果已被农业部列为主推技术，在22个省份33种作物上示范应用，增产、提质、增效显著，认定：该成果是土壤耕作技术上的重大创新，先进性强、适用性广，达到同类研究国际领先水平。

（三）技术可行性评价

2016年7月1～3日，广西农业厅、科技厅组织张洪程院士、荣廷昭院士等11位专家在南宁对“粉垄耕作技术推广应用”项目进行可行性评审，一致认定：粉垄技术可作为一种新的农业增产、生态改善技术加以推广应用。建议政府加大支持力度，多元化、多渠道筹措资金，以加快该技术在全国的推广应用。广西农业厅、科技厅将此评估意见上报广西政府。

三、专家评价

10多年来，粉垄研究备受各界关注，目前已得到10多位院士的肯定与支持。

（一）袁隆平院士题词

袁隆平院士2011年亲自安排邓启云、白德朗两位博士到广西考察，安排5万元经费和总理基金支持粉垄研究，分别在海南、湖南作验证性试验，并写信给农业部科技教育司要求支持粉垄，称“粉垄是农耕革命”；2014年7月16日，袁隆平院士接受媒体采访时评价：粉垄栽培通气好，根系发达，根茎增长，根深叶茂，是一个改革性的创新，可以全国推广了。

2019年9月11日，袁隆平院士给粉垄研究发源地题写了“粉垄农耕　生态宾阳”。

粉垄农耕 生态良田

袁隆平题

二〇一九.九.十一

（二）蒋亦元院士评价

2012年8月21日，蒋亦元院士为粉垄技术发明人韦本辉题词：粉垄耕作技术是增加单产，提高品质的新生事物，很值得做深入研究使之具有更大推广价值的新技术。

（三）山仑院士评价

2015年4月30日山仑院士评价：我国近代耕作技术系统研究不够，未形成可在大范围推行的新的耕作技术体系。“粉垄耕作与栽培技术体系研究”对我国整体耕作制度的提升与发展具有重要意义，迈出了实际的关键性一步。从已有试验和示范结果看，该项技术增产效果明显，且较为稳定，对土壤生态环境具有良好影响，适合于多种作物，可在不同地区不同类型土地上应用。特别是研制出的由螺旋型钻头耕作构成的粉垄机及其田间成功实践具有明显的创新性，在原理的阐明上也颇具新意，故建议有关部门加大对这一工作的长期支持，进一步加大示范推广力度，并在生产实践中不断加以改进，同时希望，在确定最适推广地区和土壤条件，经济效益核算，对土壤基础肥力（可持续性）影响，与秸秆还田等技术的结合，以及深松环节的科学把握等方面作进一步的探索。

（四）李振声院士评价

2017年10月20日，国家最高科学技术奖获得者李振声院士看了粉垄技术相关报道后，给韦本辉发邮件评价道：祝贺你韦本辉同志！祝你百尺竿头，更进一步。

四、媒体报道

粉垄技术得到国家和广西主流媒体的关注与报道，先后受到《科学时报》、《人民日报》、《光明日报》、《新华网》、《中国科学报》、《科技日报》和《广西日报》等刊文报道，中央电视台《新闻联播》、《朝闻天下》、《新闻直播间》等和广西电视台等先后派出记者采访与报道（附表4）。

附表4 媒体报道一览表

序号	标题	刊播媒体	时间
电视传媒报道26次			
中央电视台9次			
1	关注盐碱地棉花创高产：新技术助推盐碱地棉花创高产	CCTV13：朝闻天下	2016.9.17
2	关注盐碱地棉花创高产　粉垄技术：助推高产　更保护生态	CCTV13：朝闻天下	2016.9.17
3	我国西北粉垄夏播玉米创高产新纪录	CCTV13：朝闻天下	2016.10.9
4	粉垄马铃薯测产　新技术促高产	CCTV13：朝闻天下	2016.10.23
5	粉垄机械耕作机效果	CCTV10：我爱发明	2017.4.12
6	中科院：亩产4.77吨　新技术助马铃薯高产	CCTV13：朝闻天下	2017.9.26
7	粉垄技术改良盐碱地　一年能使碱化度下降30以上	CCTV13：新闻直播间	2017.10.17
8	关注6000多万亩中低产田改良重大进展　绿色粉垄新技术　促增产更保护生态	CCTV13：朝闻天下	2017.12.22
9	应用粉垄技术盐碱地棉花创高产	CCTV13：朝闻天下	2019.9.18
广西电视台17次			
1	广西粉垄耕作增产再创新高并推广到14个省区	广西卫视：广西新闻	2015.7.15
2	广西“粉垄”技术助力东北玉米增产　已在全国14省区应用	广西卫视：广西新闻	2015.10.13
3	世界首款农耕粉垄机投放市场	广西卫视：广西新闻	2015.12.17
4	陈保善代表：在全国推广广西粉垄技术	广西卫视：广西新闻	2016.3.4
5	粉垄技术在全国制造良田　粮食增产又安全	广西卫视：广西新闻	2016.6.8
6	广西粉垄技术增产明显　专家建议加快向全国推广	广西卫视：广西新闻	2016.7.11
7	广西粉垄技术改良盐碱地　新疆棉农增产近五成	广西卫视：广西新闻	2016.9.16
8	粉垄技术给力　北方谷子南方种植获成功	广西卫视：广西新闻	2016.12.6
9	广西粉垄技术在全国示范推广增产效果显著	广西卫视：广西新闻	2017.6.1
10	广西粉垄技术达到国际领先水平	广西卫视：广西新闻	2018.1.17
11	水稻粉垄栽培：化肥和农药“双减”产量与生态“双增”	广西卫视	2018.8.1
12	广西粉垄技术改造重度盐碱地获成功	广西电视台	2018.10.14
13	崇左：推广粉垄耕作机械化技术　助力“双高”基地建设	广西卫视	2019.1.6
14	广西旱地粉垄雨养甘蔗亩产超10t　比对照田增产40%以上	广西卫视	2019.2.10

续表

序号	标题	刊播媒体	时间
15	韦本辉的粉垄情结	广西卫视	2019.4.9
16	广西粉垄技术造福世界屋脊　首次在西藏青稞项目成功应用	广西卫视：广西新闻	2019.8.5
17	为世界物理低成本改造盐碱地提供“中国方案”	广西卫视：广西新闻	2019.9.16
纸媒报道52篇			
《人民日报》7篇			
1	粉垄技术：既改良土壤又多打粮食（新知）	20版	2014.7.28
2	粉垄技术有效改良盐碱地	12版　文化	2016.9.12
3	甘肃定西粉垄马铃薯增产50%以上	06版	2016.11.16
4	粉垄谷子亩产388.82kg	02版	2016.11.28
5	粉垄农业：为“一带一路”绿色发展做出中国贡献	人民日报海外网	2017.5.19
6	韦本辉　让板结土壤活起来	06版	2017.6.26
7	粉垄让农业绿色高效——颠覆传统耕作模式，可明显改良土壤、大幅提高粮食产量	18版　科技视野	2018.1.9
《人民政协报》2篇			
1	粉垄技术助力中国绿色农业未来	07版	2017.1.26
2	粉垄技术助力绿色农田建设		第0842期
《广西日报》11篇			
1	“农耕新方法粉垄及其应用研究”项目通过鉴定	002版　新闻	2012.4.6
2	袁隆平力推广西粉垄农耕技术——粉垄栽培实现9省区多种作物全面增产		2013.5.7
.3	研究全新耕作技术的专著——《中国粉垄活土增粮生态》出版发行		2013.7.24
4	袁隆平期待推广广西粉垄技术	002版　新闻	2014.7.23
5	土壤深耕粉碎　作物量质双增——广西“粉垄技术”在南北方成功示范应用	012版　新闻	2015.7.24
6	粉垄技术保障粮食和环境安全	007版	2015.11.9
7	粉垄技术：农耕新里程碑	007版	2015.12.7
8	陈保善代表：尽快在全国推广粉垄技术	004版　两会特别报道	2016.3.8
9	了不起的粉垄甘蔗	009版　创新科技	2017.12.27
10	水稻不施肥连续3茬增产增收——广西粉垄技术轻松实现化肥农药“双减”	007版　创新科技	2018.7.30
11	中国土壤专家点赞粉垄耕作技术	008版　创新科技	2018.12.31
《中国科学报》13篇			
1	粉垄技术：良法造良田	A1　要闻	2012.7.31
2	粉垄栽培：让超级稻再增产	第4版　综合	2013.5.8

续表

序号	标题	刊播媒体	时间
3	粉垄栽培开启农耕新模式	第5版　技术经济周刊	2013.8.7
4	粉垄技术既可保墒增产也可固碳减排	第4版　综合	2014.3.31
5	期待粉垄技术在全国推广	第4版　综合	2014.7.21
6	水稻粉垄干土抛秧增产“大跨步”	第5版　农业周刊	2015.7.22
7	新型粉垄机：深耕深松蛮好的	第7版　产经	2015.10.14
8	粉垄，助藏粮于地	第8版　校园	2015.12.17
9	西北粉垄小麦增产了	第8版　区域	2016.6.8
10	甘肃定西粉垄种植马铃薯增产1倍	第8版　区域	2016.7.20
11	粉垄让第二粮仓砂姜黑土“脱胎换骨”	第6版　科研	2017.12.20
12	我国粉垄耕作技术领先国际	第6版　科研	2018.1.17
13	粉垄技术试水化肥替代路径	第6版　科研	2018.7.25
《科技日报》10篇			
1	作物粉垄高效栽培技术可多年持续增产		2013.10.11
2	粉垄技术或成农耕技术新“名片”	第05版　科技视报	2013.11.19
3	粉垄技术淡化盐分　修复土壤——广西农科院韦本辉研究员谈粉垄技术	第12版　绿色家园	2015.3.19
4	我研究出“水稻粉垄生态高效栽培法”	第01版　今日要闻	2014.7.4
5	粉垄技术缘何受到“杂交水稻之父”青睐	第5版　企业汇·核心技术	2014.8.1
6	粉垄技术开辟农耕新天地	第12版　绿色家园	2014.8.7
7	高效耕作粉垄机械助作物增产	第12版　绿色家园	2014.12.8
8	这是一条“半有机食物生产线”	第12版　绿色家园	2015.11.12
9	韦本辉：粉垄绿色农业可助力治霾	第07版　创新·广西	2017.4.20
10	粉垄技术让超深耕深松不乱土层	第03版　综合新闻	2019.3.26
《南方科技报》1篇			
1	水稻粉垄种植：穿鞋下田，干手净脚		2015.8.10
《光明日报》1篇			
1	粉垄技术破解世界农耕难题	第01版　头条	2015.12.24
《农民日报》2篇			
1	土地翻耕也大有学问——粉垄深旋耕技术南北适用可使农作物增产两成以上	第05版　科教周刊	2013.10.16
2	粉垄技术：改良土壤更增产	第05版　科教周刊	2017.7.19
《邵阳日报》1篇			
1	粉垄超级稻项目理论亩产达1065.67kg	第01版　综合新闻	2014.9.11
《中国改革报》1篇			
1	粉垄技术：厚植生态根基　筑梦大国农事——记韦本辉研究员和其团队原创重大农业技术成果	民生视窗	

续表

序号	标题	刊播媒体	时间
《西藏日报》2篇			
1	粉垄栽培技术正式落户我区	第02版 高原要闻	2019.3.31
2	“粉垄技术”助力西藏山南青稞增产	www.tibet.cn/cn/news/zx/201908/t20190808_6658283.html	2019.8.8
《长沙晚报》1篇			
1	粉垄栽培发明人将助袁隆平圆亩产1000kg梦想		2012.7.16
网络媒体48			
新华网2			
1	粉垄技术：助力农耕增产增效	http://www.gx.xinhuanet.com/newscenter/2016-02/01/c_1117953733.htm	2016.2.1
2	广西粉垄技术种植北方谷子成功 亩产千谷388kg	http://www.gx.xinhuanet.com/newscenter/2016-11/29/c_1120011190.htm	2016.11.29
人民网10			
1	同样的土种肥 粉垄技术让赤峰玉米增产三成	http://scitech.people.com.cn/n/2015/0925/c1007-27632463.html	2015.9.25
2	粉垄技术改良盐碱地获成功 棉花增产近一半	http://scitech.people.com.cn/n1/2016/0912/c1007-28710009.html	2016.9.12
3	陕西富平：粉垄玉米每亩增产超190kg	http://scitech.people.com.cn/n1/2016/0929/c1007-28750133.html	2016.9.29
4	粉垄种植谷子——良种配良法 北谷南引亩产接近八百斤	http://scitech.people.com.cn/n1/2016/1128/c1007-28902650.html	2016.11.28
5	首次采用粉垄技术栽培 袁隆平超级稻欲冲新高	http://scitech.people.com.cn/n1/2016/1226/c1007-28976556.html?from=singlemessage&isappinstalled=0	2016.12.26
6	黄河三角洲启动粉垄改造盐碱地研究	http://scitech.people.com.cn/n1/2017/0516/c1007-29279411.html?from=singlemessage	2017.5.16
7	品种、水肥都一样，河北沽源粉垄马铃薯增产超五成	http://society.people.com.cn/n1/2017/0917/c1008-29540478.html?from=singlemessage&isappinstalled=0	2017.9.17
8	盐碱地改良获成功 玉米增产近三成	http://scitech.people.com.cn/n1/2017/1009/c1007-29576285.html	2017.10.9
9	粉垄技术助力 西藏青稞增产超20%	http://scitech.people.com.cn/n1/2019/0805/c1007-31276730.html?from=timeline&isappinstalled=0	2019.8.5
10	重度盐碱地粉垄第4年 棉花增产超八成	scitech.people.com.cn/n1/2019/0912/c1007-31352078.html	2019.9.12

续表

序号	标题	刊播媒体	时间
科学网15			
1	粉垄稻第三造仍有较好增产潜力	http://news.sciencenet.cn/htmlnews/2012/7/266308.shtm	2012.7.1
2	农业部组织专家到广西考察粉垄栽培新技术	http://news.sciencenet.cn/htmlnews/2013/6/279199.shtm	2013.6.21
3	粉垄稻第六造比传统亩增稻谷200斤	http://news.sciencenet.cn/htmlnews/2013/11/284659.shtm	2013.11.4
4	广西龙州粉垄甘蔗亩产7274kg	http://news.sciencenet.cn/htmlnews/2013/11/285409.shtm	2013.11.22
5	新一代粉垄机亮相南宁	http://news.sciencenet.cn/htmlnews/2014/8/300994.shtm?id=300994	2014.8.12
6	粉垄新技术湖南首秀　助力杂交稻增产约10%	https://news.sciencenet.cn/htmlnews/2014/9/304041.shtm	2014.9.23
7	粉垄干土摆秧　让你穿鞋栽稻	http://news.sciencenet.cn/htmlnews/2015/4/316566.shtm	2015.4.8
8	内蒙粉垄玉米生态高效增产30%	http://news.sciencenet.cn/htmlnews/2015/9/327584.shtm	2015.9.24
9	院士专家建议：加速粉垄技术在全国推广应用	http://news.sciencenet.cn/htmlnews/2016/7/350242.shtm	2016.7.4
10	新疆：粉垄技术改良盐碱地取得新突破	http://news.sciencenet.cn/htmlnews/2016/9/355915.shtm	2016.9.10
11	粉垄的马铃薯又增产了	http://news.sciencenet.cn/htmlnews/2016/10/357913.shtm	2016.10.10
12	超级杂交稻粉垄栽培示范课题开工仪式在三亚举行	http://news.sciencenet.cn/htmlnews/2016/12/363920.shtm	2016.12.20
13	粉垄技术助力盐碱地改造	http://news.sciencenet.cn/htmlnews/2017/10/390625.shtm	2017.10.10
14	粉垄向“大科学”进军	http://news.sciencenet.cn/htmlnews/2017/11/395312.shtm	2017.11.27
15	一个剖面揭开粉垄绿色增产的谜底	http://news.sciencenet.cn/htmlnews/2018/1/400103.shtm	2018.1.15
中国科技网4			
1	粉垄技术让中国和世界粮食、生态安全起来	http://www.wokeji.com/nypd/nykj/201508/t20150824_1599175.shtml	2015.8.24
2	粉垄促进粮食和环境安全的“三部曲”	http://www.wokeji.com/kjrw/xwrw/201604/t20160421_2445882.shtml	2016.4.29
3	粉垄有望使耕地农业向“绿色超级农业”格局转变	http://www.stdaily.com/shipin/qycx/2018-05/08/content_668050.shtml	2018.5.8
4	韦本辉：挖掘“粉垄物理肥力”潜力为“双减”绿色农业贡献力量	http://www.stdaily.com/cxzg80/guonei/2018-08/31/content_705791.shtml	2018.8.31

续表

序号	标题	刊播媒体	时间
中国科技新闻网4			
1	情系桑田　开创粉垄农耕新时代	http://science.china.com.cn/2016-03/14/content_8632783.htm	2016.3.15
2	韦本辉：粉垄农业回归自然是治霾科学出路之一	https://news.sciencenet.cn/htmlnews/2017/3/370670.shtm	2017.3.15
3	粉垄绿色发展助力“中国梦”——访韦本辉谈我国社会发展潜在深层次危机问题	http://www.zgkjxww.com/lsny/1494991518.html	2017.5.17
4	粉垄，国之民生最大利器	http://www.zgkjxww.com/lsny/1508723193.html	2017.10.23
中国网4			
1	“粉垄农业”可助推生态环境改善	http://yuqing.china.com.cn/show.asp?id=10954	2016.6.8
2	韦本辉：粉垄绿色农业联手工业治污可防患雾霾	http://science.china.com.cn/2017-04/14/content_9435330.htm	2017.4.15
3	我国成功突破农耕技术，粉垄增容国土立体空间不是梦	http://yuqing.china.com.cn/show/178967.html	2017.7.21
4	粉垄“大科学”：书写人与自然和谐共生时代画卷	http://js.china.com.cn/information/zgjsw80/msg21125400408.html	2017.11.2
中国新闻网2			
1	粉垄释放粮食品质质量和生存空间质量“双安全”	http://www.ah.chinanews.com/news/2017/0811/76004.shtml	2017.8.11
2	粉垄“超级共性关键技术”与中国未来粮食生态等“五大安全”	http://www.ah.chinanews.com/news/2018/0809/137654.shtml	2018.8.8
中国财讯网1			
1	“粉垄农业”是人类与自然更加和谐共生的“金钥匙”	http://news.cx368.com/news/cj/2016/0615/38405.html	2016.6.15
广西新闻网2			
1	袁隆平院士到广西考察粉垄技术和淮山定向生态技术	http://tj.gxnews.com.cn/staticpages/20151109/newgx56401401-13886488.shtml	2015.11.9
2	粉垄技术大步前行　推动农业可持续发展	http://www.gxnews.com.cn/staticpages/20160201/newgx56aebdd4-14373618.shtml	2016.2.1
祖国网1			
1	战略农业科学家韦本辉“粉垄”助力中国梦	http://www.zgzzs.com.cn/index.php/article/detail/id/9086.html	2017.9.4
中华网1			
1	粉垄大科学培植建设世界科技强国的沃土	http://finance.china.com/jykx/news/11179727/20171219/25155075_all.html#page_2	2017.12.20

续表

序号	标题	刊播媒体	时间
中国科学院官网1			
1	粉垄效果显著	http://www.cas.cn/yx/201712/t20171207_4626213.shtml	2017.12.7
其他1			
1	黄河三角洲农业高新技术产业示范区粉垄技术改良滨海盐碱地试验取得重大突破	http://www.hhsjz.gov.cn/news/2017109/n89105165.html	2017.9.30
科学新闻系列报道8			
1	粉垄栽培　广造良田	http://www.science-weekly.cn/skhtmlnews/2016/3/3147.ht2ml	2016年2月刊封面
2	行走农耕　挥写粉垄文章	http://www.science-weekly.cn/skhtmlnews/2016/3/3140.html	
3	回移自然　走向绿色农耕	http://www.science-weekly.cn/skhtmlnews/2016/3/3142.html	
4	干土抛秧，让农民“穿鞋栽稻”	http://www.science-weekly.cn/skhtmlnews/2016/3/3143.html	
5	偶获至宝：粉垄“克”盐碱	http://www.science-weekly.cn/skhtmlnews/2016/3/3144.html	
6	因地制宜　粉垄“神器”显身手	http://www.science-weekly.cn/skhtmlnews/2016/3/3145.html	
7	报道之七：农耕技术的“前世”与“今生”	http://www.science-weekly.cn/skhtmlnews/2016/3/3146.html	
8	携手与“泥土”共舞	http://www.science-weekly.cn/skhtmlnews/2016/3/3141.html	

五、粉垄研究获得的重要项目支持

1. 国家自然科学基金项目

1）广西旱坡地粉垄耕作的土壤水文效应及其对甘蔗增产的影响机制，面上项目，2020.1～2023.12，中国科学院亚热带农业生态研究所。

2）粉垄耕作与暗管排水调控土壤水盐运动的协同作用机制，面上项目，2020.1～2023.12，中国科学院南京土壤研究所。

3）粉垄栽培木薯的肥料养分利用效率机制及其环境影响效应，地区基金，2019.1～2022.12，广西壮族自治区农业科学院。

4）粉垄缓解木薯连作障碍的机理，地区基金，2020.1～2023.12，广西大学。

5）粉垄耕作对甘蔗土壤碳固定和温室气体排放的影响，地区基金，2019.1～2022.12，广西壮族自治区农业科学院。

6）绿肥压青下粉垄水稻土壤的水肥迁移及生态效应研究，地区基金，2017.1～2020.12，广西壮族自治区农业科学院。

7）岩溶区粉垄耕作方式对甘蔗地优先流过程的影响研究，青年基金，2018.1～2020.12，桂林理工大学。

8）广西典型喀斯特区粉垄栽培模式土壤水热耦合运动研究，青年基金，2016.1～2018.12，桂林理工大学。

2. 农业部科技项目

1）公益性行业（农业）科研专项，2009.1～2013.12，广西壮族自治区农业科学院。

2）粉垄绿色生态农业技术示范推广，2017.6～2017.12，广西壮族自治区农业科学院。

3. 广西科技重大专项

1）粉垄雨养甘蔗栽培示范及增产提质生态机理研究，2017.9～2020.12，广西壮族自治区农业科学院。

2）水稻、甘蔗粉垄生态高效栽培与示范，2016.9～2019.12，广西壮族自治区农业科学院。

3）广西甘蔗原料亩增1吨关键技术粉垄“145”模式研究与示范，2020.12～2024.12，广西壮族自治区农业科学院。

4. 广西农业科学院基金项目

1）粉垄耕作与薯类育种，2015.1～2020.12。

2）粉垄栽培技术研究与示范推广，2017.1～2019.12。

3）粉垄耕作土壤环境与作物生长关系研究，2015.1～2016.12。

4）粉垄耕作对酸性土壤上甘蔗幼苗黄化病的矫正效果，2021.1～2022.12。

5）粉垄耕作与薯类育种，2021.1～2025.12。

5. 其他项目

1）粉垄改造利用滨海盐碱地试验与示范，项目来源：山东省黄河三角洲农业高新技术产业示范区，2017.4～2019.6。

2）马铃薯粉垄种植技术与山坡地作业机械引进示范，项目来源：宁夏回族自治区重点研发计划，2018.5～2020.12。

3）重度盐渍化农田粉垄深松改良技术示范，项目来源：新疆生产建设兵团科技计划项目，2020.1～2022.12。

4）粉垄栽培水稻根际土壤微生物群落结构多样性研究，项目来源：广西自然科学基金委员会，2019.1～2021.12。

5）粉垄耕作对木薯/大豆间作体系土壤微生物多样性的影响，项目来源：广西自然科学基金委员会，2021.1～2023.12。

六、全国粉垄水稻、玉米、小麦、马铃薯、青稞、甘蔗等当年和多年第三方验收增产结果

全国粉垄水稻、玉米、小麦、马铃薯、青稞、甘蔗等当年和多年第三方验收增产结果，参见附表5至附表9。

附表5　全国部分水稻粉垄当年第三方验收增产结果统计

序号	项目名称	年份	实施地点	验收/测产时间	组织验收单位	专家组组长	粉垄亩产/kg	亩增/kg	增产率/%	备注
1	超级稻粉垄栽培研究与示范	2011	广西壮族自治区玉林市福绵区	2011.7.22	广西壮族自治区农业厅	邹应斌	682.4	131.5	23.87	第一季（低产田）
2	水稻粉垄栽培400亩示范	2012	广西壮族自治区北流市民安镇	2012.7.10	广西壮族自治区北流市农业局	李天新	576.0	80.0	16.13	中产田
3	粉垄高产栽培示范	2013	湖南杂交水稻研究中心海南基地	2013.4.28	广西壮族自治区农业厅	黄庆	702.3	44.1	6.70	高产田
4	粉垄耕作方式下水稻农艺性状和土壤特性	2013	广西壮族自治区农业科学院试验地	2013.7.2	广西壮族自治区农业科学院	陈德威	551.97	93.37	20.36	中产田
5	常规早稻直播粉垄耕作新技术示范	2014	湖南省沅江市尾草镇	2014.7.15	湖南省益阳市农业局	胡建辉	483.0	63.0	15.00	中产田
6	隆回羊古坳镇杂交稻粉垄高产栽培示范	2014	湖南省隆回县羊古坳镇	2014.9.18	广西壮族自治区农业科学院	屠乃美	723.96	66.83	10.17	高产田
7	水稻粉垄干土抛秧种植技术	2015	广西壮族自治区北流市民安镇	2015.7.14	广西壮族自治区科学技术厅	黄庆	620.27	126.07	25.51	中产田
8	湖南粉垄直播水稻	2017	湖南省沅江市尾草镇	2017.10.1	湖南省沅江市尾草镇农业技术推广站	颜育民	821.5	172.3	26.54	水稻直播
9	水稻粉垄空白施肥	2018	广西壮族自治区隆安县那桐镇	2018.7.19	广西壮族自治区农业科学院	宾士友	363.6	48.8	15.50	零施肥
10	粉垄底耕水稻示范	2019	广西壮族自治区隆安县那桐镇	2019.11.3	广西壮族自治区农业科学院	黄庆	456.19	87.85	23.85	水田底耕
11	稻田水层快速粉垄耕作水稻高产示范	2021	广西壮族自治区北流市塘岸镇	2021.11.10	广西壮族自治区农业科学院	白德朗	411.7	75.1	22.31	实收验收

附表6 部分甘蔗粉垄当年第三方验收增产结果统计

序号	项目名称	年份	实施地点	验收/测产时间	组织验收单位	专家组组长	粉垄亩产/kg	亩增/kg	增产率/%	备注
1	甘蔗粉垄栽培试验示范	2010	广西壮族自治区宾阳县邹圩镇	2010.12.17	广西壮族自治区农业厅	江垣德	4749	1020	27.35	中产田
2	宾阳300亩甘蔗粉垄栽培示范	2012	广西壮族自治区宾阳县邹圩镇	2012.1.8	广西壮族自治区农业厅	陆国盈	5168	1311	33.99	中产田
3	甘蔗粉垄高产技术示范	2013	广西壮族自治区龙州县水口镇	2013.11.21	广西壮族自治区财政厅农业综合开发办公室	廖恒登	8988	2271	33.81	低产田
4	甘蔗粉垄高产技术示范	2015	广西壮族自治区龙州县逐卜乡	2015.2.7	广西壮族自治区财政厅农业综合开发办公室	任起太	5583	1272	29.51	低产田
5	甘蔗粉垄高效栽培示范	2016	广西壮族自治区农业科学院试验田	2016.1.25	广西壮族自治区农业科学院	陆国盈	12729	1960	18.20	中产田
6	水稻、甘蔗粉垄生态高效栽培与示范	2017	广西壮族自治区宾阳县邹圩镇	2017.12.14	广西科技情报学会	顾明华	9668	3037	45.82	现场查定
7	旱地甘蔗粉垄雨养高效栽培技术示范推广	2017	广西壮族自治区隆安县那桐镇	2017.12.27	广西壮族自治区农业科学院经济作物研究所	韩世健	9574	2524	35.80	现场查定
8	粉垄雨养甘蔗栽培示范及增产提质生态机理研究	2019	广西壮族自治区隆安县那桐镇	2019.1.16	广西科技项目评估中心有限公司	陆国盈	8865	2338	35.82	现场查定
9	粉垄雨养甘蔗栽培示范及增产提质生态机理研究	2019	广西壮族自治区扶绥县渠黎镇	2019.2.26	广西科技项目评估中心有限公司	任起太	4283	950	28.50	现场查定
10	粉垄雨养甘蔗栽培示范及增产提质生态机理研究	2019	广西壮族自治区南宁市坛洛金光农场	2019.2.27	广西科技项目评估中心有限公司	任起太	7220	890	14.06	现场查定
11	粉垄雨养甘蔗栽培示范及增产提质生态机理研究	2019	广西壮族自治区宾阳县邹圩镇	2019.2.28	广西科技项目评估中心有限公司	任起太	6559	1440	28.13	现场查定

续表

序号	项目名称	年份	实施地点	验收/测产时间	组织验收单位	专家组组长	粉垄亩产/kg	亩增/kg	增产率/%	备注
12	粉垄雨养甘蔗栽培示范及增产提质生态机理研究	2019	广西壮族自治区隆安县那桐镇	2019.12.20	广西科技项目评估中心有限公司	林影	5050	1850	57.81	现场查定
13	粉垄雨养甘蔗栽培示范及增产提质生态机理研究	2019	广西壮族自治区隆安县那桐镇	2019.12.20	广西科技项目评估中心有限公司	林影	10750	4130	62.39	现场查定
14	粉垄雨养甘蔗栽培示范及增产提质生态机理研究	2020	广西壮族自治区南宁市坛洛金光农场	2020.1.16	广西科技项目评估中心有限公司	王海华	4981	860	20.87	现场查定
15	粉垄雨养甘蔗栽培示范及增产提质生态机理研究	2020	广西壮族自治区扶绥县渠黎镇	2020.1.17	广西科技项目评估中心有限公司	江垣德	4271	710	19.94	现场查定
16	粉垄雨养甘蔗栽培示范及增产提质生态机理研究	2020	广西壮族自治区宾阳县邹圩镇	2020.1.19	广西科技项目评估中心有限公司	江垣德	4930	870	21.43	现场查定
17	粉垄雨养甘蔗栽培示范及增产提质生态机理研究	2020	广西壮族自治区宾阳县邹圩镇	2020.1.19	广西科技项目评估中心有限公司	江垣德	5480	1540	39.09	现场查定
18	广西甘蔗原料亩增1吨关键技术粉垄“145”模式研究与示范	2021	广西壮族自治区南宁市武鸣区里建农场	2021.3.4	广西壮族自治区农业科学院	江垣德	5165	1430	38.29	实收验收
19	广西甘蔗原料亩增1吨关键技术粉垄“145”模式研究与示范	2022	广西壮族自治区隆安县那桐镇	2022.1.25	广西科技项目评估中心有限公司	许立明	7890	1750	28.50	现场查定（示范区）
20	广西甘蔗原料亩增1吨关键技术粉垄“145”模式研究与示范	2022	广西壮族自治区隆安县那桐镇	2022.1.25	广西科技项目评估中心有限公司	许立明	8610	3470	67.51	现场查定（核心区）
21	广西甘蔗原料亩增1吨关键技术粉垄“145”模式研究与示范	2022	广西壮族自治区宾阳县邹圩镇	2022.3.4	广西科技项目评估中心有限公司	许立明	7507	1654	28.26	现场查定（示范区）
22	广西甘蔗原料亩增1吨关键技术粉垄“145”模式研究与示范	2022	广西壮族自治区宾阳县邹圩镇	2022.3.4	广西科技项目评估中心有限公司	许立明	8655	2802	47.87	现场查定（核心区）

附表7　全国旱地作物粉垄当年第三方验收增产结果统计

序号	项目名称	年份	实施地点	验收/测产时间	组织验收单位	专家组组长	粉垄亩产/kg	亩增/kg	增产率/%	备注
1	旱地作物粉垄栽培技术玉米试验研究	2010	广西壮族自治区宾阳县	2010.7.20	广西壮族自治区农业厅	江垣德	548.67	111.83	25.60	中产田
2	玉米粉垄栽培试验	2012	宁夏回族自治区银川市	2012.9.22	宁夏农林科学院	杜晓军	1037.57	112.16	12.12	
3	深松粉垄技术示范	2014	广西壮族自治区贵港市	2014.7.11	贵港市农业局	万玉新	558.0	77.8	16.20	
4	玉米粉垄生态高效栽培示范	2015	内蒙古自治区赤峰市	2015.9.23	广西壮族自治区农业科学院	张正斌	792.9	184.9	30.41	低产田
5	玉米粉垄生态高效栽培示范	2015	内蒙古自治区通辽市	2015.9.24	广西壮族自治区农业科学院	张正斌	914.0	119.5	15.04	高产田
6	玉米粉垄生态高效栽培示范	2015	吉林省德惠市	2015.9.25	广西壮族自治区农业科学院	张正斌	844.7	98.5	13.20	高产田
7	河南高产高效现代化农业（小麦）粉垄栽培技术研究	2012	河南省潢川县	2012.5.15	河南省农业科学院植物营养与资源环境研究所	聂胜委	549.1	96.9	21.43	
8	河南省粮食作物粉垄耕作技术研究与示范	2013	河南省温县	2014.5.29	河南省科学技术厅	詹克慧	565.8	131	30.13	中产田
9	小麦粉垄高效栽培示范	2016	陕西省富平县	2016.6.5	广西壮族自治区农业科学院	宋松泉	527.29	121.37	29.90	中产田
10	粉垄种植小麦	2017	河南省兰考县	2017.5.26	广西壮族自治区农业科学院经济作物研究所	王晨阳	619.6	61.6	11.04	耕地
11	稻田粉垄冬种马铃薯百亩试验示范	2011	广西壮族自治区玉林市福绵区	2011.3.8	广西壮族自治区农业厅	徐世宏	1919.3	427.2	28.63	中产田
12	西北干旱半干旱地区小麦粉垄栽培技术研究	2011	甘肃省定西市	2011.9.23	甘肃省农业科学院	王乃昂	1167.66	305.41	35.42	低产田
13	马铃薯稻田粉垄冬种200亩示范	2012	广西壮族自治区北流市	2012.3.17	广西壮族自治区北流市农业局	李天新	2211.4	524.6	31.10	中产田

续表

序号	项目名称	年份	实施地点	验收/测产时间	组织验收单位	专家组组长	粉垄亩产/kg	亩增/kg	增产率/%	备注
14	马铃薯粉垄种植试验	2016	山东省高密市	2016.6.17	中国农业科学院农业资源与农业区划研究所	逄焕成	5602.70	1477	35.80	中国农业科学院测试
15	黄土丘陵沟壑区（甘肃）增粮增效技术研究与示范	2016	甘肃省定西市	2016.10.12	甘肃省农业科学院	吕军峰	2155.51	738.81	52.15	
16	粉垄高效种植马铃薯	2016	河北省张家口市沽源县	2016.10.10	广西壮族自治区农业科学院	尹江	4488.76	1148.91	34.40	
17	粉垄高效种植马铃薯	2017	河北省张家口市沽源县	2017.9.16	广西壮族自治区农业科学院	张正斌	4774.00	1652.72	52.95	
18	旱地粉垄连片500亩马铃薯高效示范	2018	广西壮族自治区南宁市坛洛金光农场	2018.3.14	广西壮族自治区农业科学院经济作物研究所	罗兴录	2203.1	977.1	79.70	
19	西藏山南市青稞粉垄栽培示范	2019	西藏自治区山南市乃东区	2019.8.1	西藏自治区山南市农业技术推广中心等	王学华	381.1	63.6	20.03	西藏
20	青稞新品种粉垄栽培增产增效技术示范	2021	西藏自治区山南市乃东区	2021.8.4	西藏自治区农牧科学院农业研究所等	焦国成	737.55	149.55	25.43	西藏
21	青稞粉垄高效种植试验示范	2021	西藏自治区日喀则市	2021.11.4	广西壮族自治区农业科学院	周世忠	199.6	36	22.00	西藏，非耕地

附表8　全国盐碱地粉垄第三方验收增产结果统计

序号	项目名称	年份	实施地点	验收/测产时间	组织验收单位	专家组组长	粉垄亩产/kg	亩增/kg	增产率/%	备注
1	粉垄盐碱地高效种植棉花	2016	新疆维吾尔自治区尉犁县兴平乡	2016.9.10	广西壮族自治区农业科学院	卢昌艾	380.2	124.7	48.81	重度盐碱地
2	河南“粉垄种植小麦”	2017	河南省兰考县堌阳镇	2017.5.26	广西壮族自治区农业科学院经济作物研究所	王晨阳	607.2	45.5	8.10	轻度盐碱地

续表

序号	项目名称	年份	实施地点	验收/测产时间	组织验收单位	专家组组长	粉垄亩产/kg	亩增/kg	增产率/%	备注
3	粉垄高效种植玉米	2017	河南省兰考县堌阳镇	2017.9.17	广西壮族自治区农业科学院经济作物研究所	王武军	696.9	68.5	10.90	轻度盐碱地
4	粉垄盐碱地高效种植棉花	2017	新疆维吾尔自治区尉犁县兴平乡	2017.9.19	广西壮族自治区农业科学院	柴凤鸣	500.87	117.65	30.70	重度盐碱地
5	粉垄技术改造滨海盐碱地试验与示范（玉米）	2017	山东省东营黄河三角洲农业高新技术产业示范区	2017.9.29	黄河三角洲国家现代农业科技示范区、广西壮族自治区农业科学院经济作物研究所	田长彦	492.0	104.0	26.80	中度盐碱地
6	粉垄技术改造滨海盐碱地试验与示范（玉米）	2018	山东省东营黄河三角洲农业高新技术产业示范区	2018.9.17	黄河三角洲国家现代农业科技示范区、广西壮族自治区农业科学院经济作物研究所	卢昌艾	810.0	342.0	73.08	鲜重
7	粉垄技术改造滨海盐碱地试验与示范（高粱）	2018	山东省东营黄河三角洲农业高新技术产业示范区	2018.9.17	黄河三角洲国家现代农业科技示范区、广西壮族自治区农业科学院经济作物研究所	卢昌艾	8220.0	6101.0	287.92	生物量
8	粉垄技术改造滨海盐碱地试验与示范（小麦）	2019	山东省东营黄河三角洲农业高新技术产业示范区	2019.6.4	黄河三角洲国家现代农业科技示范区、广西壮族自治区农业科学院经济作物研究所	赵茂林	372.15	225.76	154.22	重度盐碱地
9	粉垄改造新疆重度盐碱地第4年棉花高产示范	2019	新疆维吾尔自治区尉犁县兴平乡	2019.9.10	广西壮族自治区农业科学院	卢昌艾	412.44	185.45	81.70	重度盐碱地，第4年
10	粉垄耕作一次后第4年玉米	2019	河南省兰考县堌阳镇	2019.9.16	河南省兰考县农业农村局	王武军	790.6	97.7	14.10	盐碱地，第4年
11	粉垄后第五年小麦种植项目	2021	河南省兰考县堌阳镇	2021.6.4	广西壮族自治区农业科学院	王武军	481.0	48.0	11.09	盐碱地，第五年
12	青稞新品种粉垄栽培增产增效技术示范	2021	西藏自治区山南市扎囊县	2021.8.4	西藏自治区农牧科学院农业研究所等	焦国成	431.64	120.37	38.67	西藏

附表9　全国多种作物多年持续第三方验收增产结果统计

序号	项目名称	年份	实施地点	验收/测产时间	组织验收单位	专家组组长	粉垄亩产/kg	亩增/kg	增产率/%	备注
1	水稻粉垄后第二造免耕高产示范	2015	广西壮族自治区北流市民安镇	2015.11.7	广西壮族自治区农业科学院	颜育民	627.5	102.4	19.50	中产田
2	稻田粉垄后第六造水稻示范	2013	广西壮族自治区北流市民安镇	2013.11.4	广西壮族自治区农业科学院	任起太	673.92	135.92	25.26	第三年
3	稻田粉垄后第十三造水稻示范测产	2017	广西壮族自治区北流市民安镇	2017.7.12	广西壮族自治区农业科学院	刘贵文	503.1	15.6	3.20	第七年
4	湖南粉垄直播水稻	2020	湖南省沅江市尾草镇	2020.8.14	沅江市尾草镇农业综合服务中心	颜育民	644.0	70.0	12.20	粉垄后第五年
5	两刀钻水层稻田粉垄第二茬早稻示范	2021	广西壮族自治区南宁市西乡塘区	2021.7.14	广西壮族自治区农业科学院	李容柏	675.5	58.7	9.52	水层粉垄
6	稻田粉垄后第8年水稻示范	2021	湖南省隆回县羊古坳镇	2021.9.9	广西壮族自治区农业科学院	曾令柏	781.1	150.5	23.87	第八年
7	粉垄技术连续性试验研究（夏玉米）	2012	河北省吴桥县	2012.10.7	中国农业科学院农业资源与农业区划研究所	逄焕成	875.16	208.32	31.24	中国农业科学，2013，46（16）
8	粉垄技术连续性试验研究（小麦）	2012	河北省吴桥县	2012.6.13	中国农业科学院农业资源与农业区划研究所	逄焕成	503.31	128.32	34.22	中国农业科学，2013，46（16）
9	安徽涡阳小麦粉垄试验第二茬	2016	安徽省涡阳县	2016.6	中国科学院遗传与发育生物学研究所	张正斌	587.2	162.2	38.16	零施肥
10	安徽涡阳玉米粉垄试验第三茬	2017	安徽省涡阳县	2017.6	中国科学院遗传与发育生物学研究所	张正斌	676.3	138.2	25.68	第三茬
11	粉垄第二茬夏玉米高产示范	2016	陕西省富平县曹村镇	2016.9.23	广西壮族自治区农业科学院	宋松泉	749.53	193.87	34.89	第二茬

续表

序号	项目名称	年份	实施地点	验收/测产时间	组织验收单位	专家组组长	粉垄亩产/kg	亩增/kg	增产率/%	备注
12	粉垄耕作一次后第4年玉米	2019	河南省兰考县堌阳镇	2019.9.16	河南省兰考县农业农村局	王武军	830.7	128.5	18.30	耕地，第四年
13	粉垄后第五年小麦种植项目	2021	河南省兰考县堌阳镇	2021.6.4	广西壮族自治区农业科学院	王武军	543.0	51.0	10.37	耕地，第五年
14	粉垄后第三年第五茬小麦节水增效项目	2021	河北省盐山县韩集镇	2021.6.12	河北省盐山县农业农村局	李汉杰	466.69	71.19	18.00	第三年第五茬